专项职业能力考核培训教材

超声诊断仪安装维修

人力资源社会保障部教材办公室　组织编写

主　编：李哲旭　徐小萍

副主编：毕　昕　杨　蕊　姚　蓓

编　者：朱晓红　唐懿文　颜健鸿　陶　陶　钱　斌

主　审：王云龙

中国劳动社会保障出版社

图书在版编目(CIP)数据

超声诊断仪安装维修 / 人力资源社会保障部教材办公室组织编写. -- 北京：中国劳动社会保障出版社，2021

专项职业能力考核培训教材

ISBN 978-7-5167-4936-4

Ⅰ.①超… Ⅱ.①人… Ⅲ.①超声波诊断机－技术培训－教材 Ⅳ.①TH776

中国版本图书馆 CIP 数据核字（2021）第 185093 号

中国劳动社会保障出版社出版发行

（北京市惠新东街 1 号　邮政编码：100029）

*

三河市华骏印务包装有限公司印刷装订　新华书店经销

787 毫米 ×1092 毫米　16 开本　12.25 印张　227 千字

2021 年 9 月第 1 版　　2021 年 9 月第 1 次印刷

定价：35.00 元

读者服务部电话：（010）64929211/84209101/64921644

营销中心电话：（010）64962347

出版社网址：http://www.class.com.cn

前　言

职业技能培训是全面提升劳动者就业创业能力、促进充分就业、提高就业质量的根本举措，是适应经济发展新常态、培育经济发展新动能、推进供给侧结构性改革的内在要求，对推动大众创业万众创新、推进制造强国建设、推动经济高质量发展具有重要意义。

为了加强职业技能培训，《国务院关于推行终身职业技能培训制度的意见》（国发〔2018〕11号）、《国务院办公厅关于印发职业技能提升行动方案（2019—2021年）的通知》（国办发〔2019〕24号）提出，要深化职业技能培训体制机制改革，推进职业技能培训与评价有机衔接，建立技能人才多元评价机制，完善技能人才职业资格评价、职业技能等级认定、专项职业能力考核等多元化评价方式。

专项职业能力是可就业的最小技能单元，劳动者经过培训掌握了专项职业能力后，意味着可以胜任相应岗位的工作。专项职业能力考核是对劳动者是否掌握专项职业能力所做出的客观评价，通过考核的人员可获得专项职业能力证书。

为配合专项职业能力考核工作，人力资源社会保障部教材办公室组织有关方面的专家编写了这套专项职业能力考核培训教材。该套教材严格按照专项职业能力考核规范编写，教材内容充分反映了专项职业能力考核规范中的核心知识点与技能点，较好地体现了适用性、先进性与前瞻性。教材编写过程中，我们还专门聘请了相关行业和考核培训方面的专家参与教材的编审工作，保证了教材内容的科学性及与考核规范、题库的紧密衔接。

专项职业能力考核培训教材突出了适应职业技能培训的特色，不但有助于读者通过考核，而且有助于读者真正掌握专项职业能力的知识与技能。

本教材在编写过程中得到了上海市职业技能鉴定中心、上海医疗器械行业协会、上海健康医学院等单位的大力支持与协助，在此表示衷心感谢。

教材编写是一项探索性工作，由于时间紧迫，不足之处在所难免，欢迎各使用单位及个人对教材提出宝贵意见和建议，以便教材修订时补充更正。

人力资源社会保障部教材办公室

目　录

培训任务 1　超声诊断仪基础知识

培训任务 2　超声诊断仪安装与使用

培训任务 3　超声诊断仪保养与维护

培训任务 4　超声诊断仪检修

培训任务 1

超声诊断仪基础知识

学习单元 1

超声诊断仪的发展、分类与特点

一、发展简史

1. 超声诊断仪的发展

早在 18 世纪，意大利著名博物学家、生理学家和实验生理学家拉扎罗·斯帕拉捷在研究蝙蝠夜间活动时，发现蝙蝠靠一种人类听不到的尖叫声（即超声）来判断障碍物。蝙蝠发出超声波后，靠回波来确定障碍物的距离、大小、形状和运动方式。

1880 年，法国物理学家居里兄弟（皮埃尔·居里和雅克·居里）发现了压电效应，这是制作超声探头的理论基础。

20 世纪初，物理学家保罗·朗之万首次研制出石英晶体超声波发生器，从此揭开了发展与推广超声技术的历史篇章。

（1）国外发展史。1922 年，德国出现了首例超声波治疗的发明专利。1942 年，工业超声探伤原理应用于医学诊断，用连续超声波诊断颅脑疾病。1946 年，反射波方法应用于医学超声诊断，A 型超声诊断技术原理被提出。1958 年，脉冲回声法应用于心脏疾病诊断，开始出现“M型超声心动图”，同时开始了 B 型二维成像原理的探索。

20 世纪 70 年代，以 B 超显示为代表的超声诊断技术发展极为迅速，特别是数字扫描变换器（DSC）与数字信号处理器（DSP）的出现，把 B 超成像技术推向了以计算机数字影像处理为主导的新水平。同时，实时超声导向等穿刺技术日趋成熟，人们开始探索三维超声成像等新技术。

20世纪80年代，彩色多普勒超声成像技术应用于临床，探测心脏、大血管等方面的多种疾病，取得满意的诊断效果。1982年，研制出彩色经颅多普勒超声扫描仪（TCD仪），可以做颅内血管的各种切面影像，显示脑血管的分布、血流方向和速度。另外，环阵、凸阵探头的产生，以及各种腔内、管内探头、手术中探头等介入超声的应用，使实时超声显像更加受到重视，并得到迅速发展。

20世纪90年代以来，全数字化、三维超声成像、对比谐波和组织谐波成像、彩色多普勒血流成像、超声介入、弹性成像等技术的出现和不断发展，为超声成像设备增添了活力和竞争力，使其在医学影像领域的地位不断提高，成为现代医学影像设备中的主力军。

（2）国内发展史。中国的超声医学诊断起步于20世纪50年代末。1958年12月，上海市第六人民医院报道使用脉冲式A型超声探测仪探测肝、胃、葡萄胎、子宫颈癌及乳腺，并分析和解释了其回声图像。1962年，北京、武汉等地先后将B型超声显像诊断法用于临床，并在全国学术会议上报告。同年，徐智章等用D型超声诊断法诊断脉管炎、动静脉阻塞、动脉瘤。1964年，周永昌、王新房等提出用超声仪探测胎心，诊断早期妊娠。周永昌用M型超声诊断仪描记早孕的胎心，较国外早3年。1979年，机械扇形扫查法用于心脏诊断。

进入21世纪，随着计算机技术、电子技术、图像处理技术、无线网络技术的发展，大批具有我国自主知识产权的超声设备相继制成。当前，随着互联网+大数据时代的到来，超声成像正在由传统超声模式向“云超声”模式转变。

2. 超声成像技术的最新进展

随着临床医学的发展和科学技术的进步，超声影像技术在成像方法、探头、信号检测与处理方法、临床应用软件等方面都取得了长足的进步，使图像质量和分辨率越来越高。在技术实现的手段上，DSC和数字波束形成技术的应用，标志着超声诊断设备进入了全数字时代。计算机硬件和软件技术的进步使超声诊断范围和信息量不断扩充，当前超声诊断已实现从单一器官到全身、从静态到动态、从定性到定量、从二维到四维的发展。

（1）换能器技术。超声波通过换能器将高频电能转换为机械振动，高频超声成像技术的应用将大大提高图像的分辨力。常规B型超声成像技术的超声工作频率在2～16 MHz；血管内超声成像技术的工作频率在20～40 MHz；而高频超声成像技术的工作频率高达40～100 MHz，可以用于皮肤的成像，以及眼部、软骨、管状动脉内的成像等。人体内脏器官的症状往往在浅表皮层得到表现，这加大了超声皮肤成像的应

用价值。

超声探头向着高密集、高频率发展。高密集的探头阵元数达 256 个；高频率的探头包括 50 MHz 的多普勒探头、45 MHz 的血管内成像探头和 100 ~ 200 MHz 的皮肤成像探头等。

（2）计算机（PC）平台技术。基于标准 PC 平台的超声诊断系统，俗称计算机化超声诊断仪。传统的超声诊断仪采用简单的微处理器作为中央控制中心。当今先进的技术是使用 PC 作为中央控制系统，丰富了仪器的性能，提高了医务人员的工作效率和质量。

（3）宽频带成像技术。宽频带成像技术可以全面采集超声回波中隐含的丰富信息，除了要求探头具有宽频带特性之外，还要求整个系统的接收通道具有同样的宽频带特性。谐波成像是宽频带应用的一个例子，如目前被广泛应用的二次谐波成像技术。

（4）超声造影成像技术。超声造影剂从物理形态上可以分为含有自由气泡的液体、含有包膜气泡的液体、含有悬浮颗粒的胶状体、乳剂和水溶液这五种。造影剂可使背向散射的信号大大增强，进而突出感兴趣区域的图像，提高超声图像的清晰度和分辨率。目前应用最广泛的是包裹高密度惰性气体（不易溶于水或血液）为主的外膜薄而柔软的微气泡造影剂（直径一般在 2 ~ 5 μm）。

超声诊断仪经历了模拟成像、混合成像和数字成像三个不同的发展阶段。数字技术的发展和应用促进和带动了超声诊断仪的高性能化和小型化，也拓宽了超声诊断技术的临床应用范围。

二、分类与特点

1. 分类

利用超声波进行医学成像有很多方法，如反射成像、透射成像、散射成像等。现代较为成熟和常用的方法是反射成像，即回波成像。回波成像又可分为回波幅度信号成像和回波频移信号成像（多普勒成像）。

（1）回波幅度信号成像。回波幅度信号成像有 A 型、B 型、M 型等方式。其中 B 型成像方式（B 超）是超声成像设备中运用最广泛、最典型的成像方式，而且多数 B 型成像设备已兼容 M 型成像方式。

1）A 型超声诊断仪。A 型是幅度调制型（amplitude mode），A 型超声诊断仪简称 A 超，是超声技术应用于医学诊断中最早发展的一种成像仪器。

当超声波束在人体组织中传播遇到不同声阻抗的两层邻近介质界面时，在该界面上就会产生反射回声，每遇到一个界面，产生一个回声，该回声在显示屏上以波的形式显示，如图 1–1 所示。

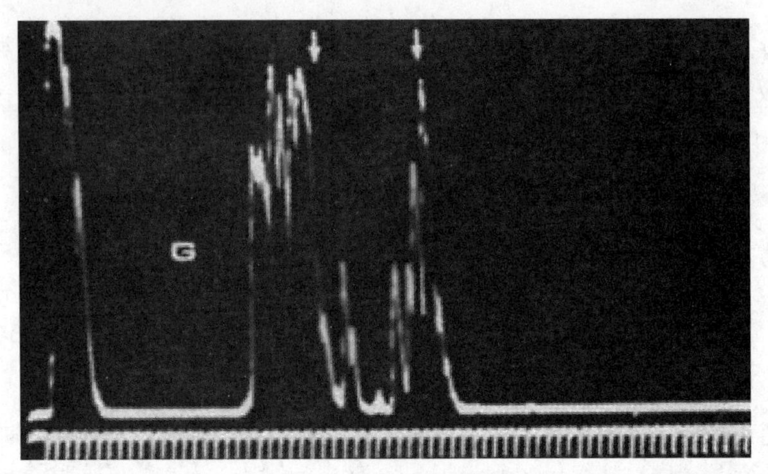

图 1–1　A 型成像显示图

A 超主要由主振器、发射放大器、探头、衰减器、接收放大器、时间增益补偿（TGC）、显示器、时基发生器、时标发生器等组成。A 超方框图如图 1–2 所示。

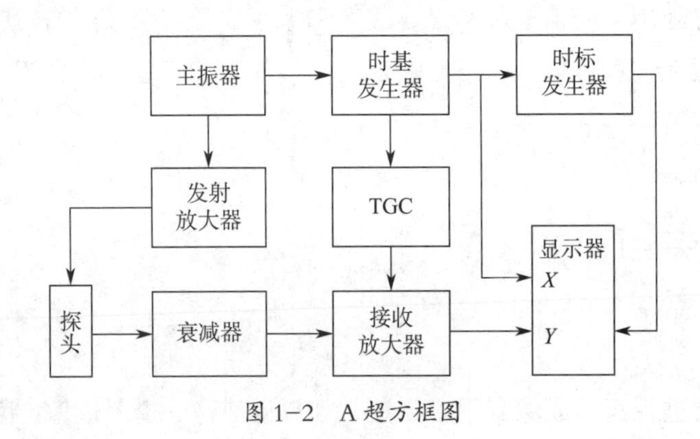

图 1–2　A 超方框图

2）B 型超声诊断仪。B 型是亮度调制型（brightness mode），B 型超声诊断仪简称 B 超，其工作原理是借助换能器或波束的动态扫描，获得多组回波信息，并把回波信息调制成灰阶显示，形成断面图像，因此也称断面显像仪。如图 1–3 所示为 B 型成像显示图。

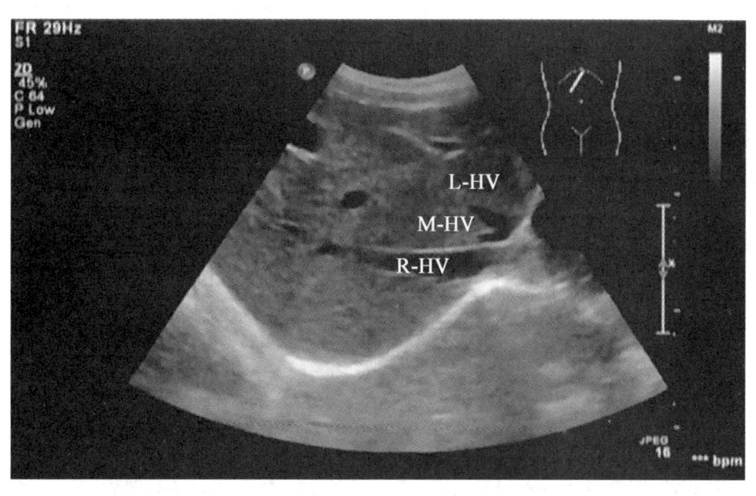

图 1-3　B 型成像显示图

B 超基本结构和工作原理作为本培训任务的重点，将在后文详细讲解。

3）M 型超声诊断仪。M 型是运动型（motion scanning），M 型超声诊断仪简称 M 超，单轴测量距离随着时间变化，用于显示心脏各层的运动回波曲线。图像垂直方向代表人体深度，水平方向代表时间。由于探头位置固定，心脏有规律地收缩和舒张，心脏各层组织和探头间的距离便发生节律改变。因此，返回的超声信号也同样发生改变。随着水平方向的慢扫描，便把心脏各层组织的回声显示成运动的曲线，即为 M 型超声心动图。如图 1-4 所示为 M 型成像显示图。

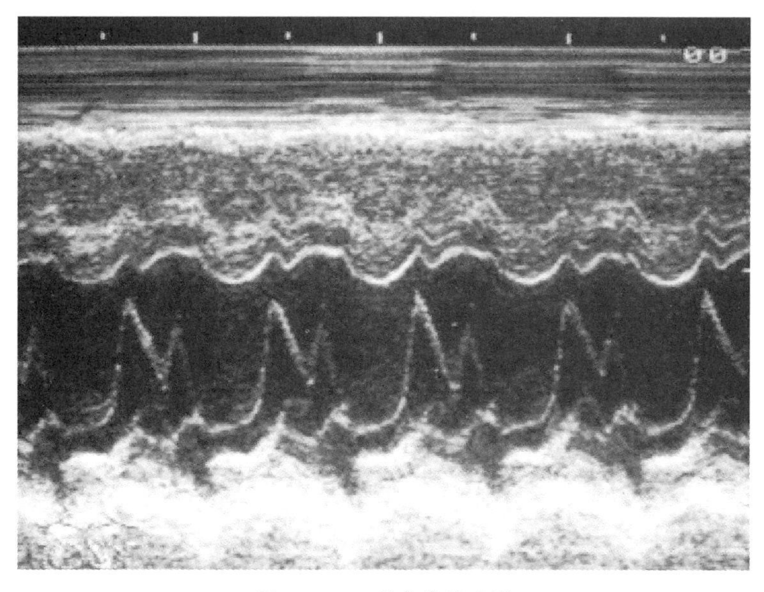

图 1-4　M 型成像显示图

（2）回波频移信号成像。根据多普勒效应，结合声学、电子技术制成的超声成像系统，称为多普勒超声诊断仪（D型超声诊断仪）。D型超声诊断仪通过发射固定频率的脉冲式或连续式超声波，然后接收频率已经发生变化的回声（差频回声），再将此回声频率与发射频率进行对比，取得它们的差别量和正负值，并显示在屏幕上。根据显示方式不同，回波频移信号成像常分为频谱多普勒成像与彩色多普勒血流成像。如图1–5所示为彩色多普勒血流成像与频谱多普勒成像相结合的显像图，上半部分为彩色显像，下半部分为频谱显像。

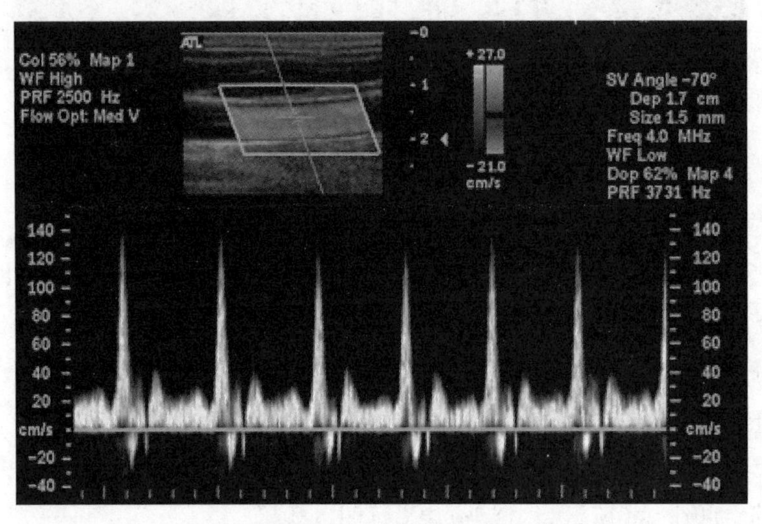

图1–5　D型成像显示图

1）频谱多普勒成像。根据多普勒效应，在荧光屏上将正负值的频率差值显示在纵轴上，一般利用多普勒方程换算成血流速度后显示在荧光屏上，而回声的进行时间显示在横轴上，形成多普勒频谱图。频谱多普勒可分为连续波多普勒与脉冲波多普勒。连续波多普勒常用于检测心血管的高速血流，脉冲波多普勒常用于检测各血管的血流速度、方向、性质等。

2）彩色多普勒血流成像。其显示方式属于二维、辉度显示，以彩色代表血流方向、性质及速度。彩色多普勒仪一般具有B型、M型、连续波、脉冲波多普勒成像功能，根据需要选择使用。其通过自相关技术，将回收到的全部差频回声信息给予彩色编码显示，是彩色血流图像信息与B型超声灰阶图像信息叠加构成的画面。

2. 特点

（1）A超特点。A超根据提供的回波幅度、数量等信息对组织状态进行诊断。早期临床上常用此法测量组织界面的距离、脏器的径线，探测肝、胆、脾、肾、子宫等脏器的大小和病变范围，也用于眼科及颅脑疾病的探查。现在许多诊断项目已逐渐被

B 超取代，A 超在临床上的应用不多。

（2）B 超特点。B 超是以点状回声的亮度强弱显示病变的。当探头发出的超声束按次序移动时，显示屏上的点状回声与之同步移动。扫描形成与超声束方向一致的切面回声图，属于二维图像。B 超具有真实性强、直观性好、容易掌握、诊断方便等优点。

B 超图像反映的是人体器官某一断面上的信息。X 轴表示超声束对人体扫描的方向；Y 轴表示声波传入人体内的时间或者深度，其亮度由对应空间点上的超声回波幅度调制。回波强，则光点亮；回波弱，则光点暗。

目前，B 超的应用面很广，它几乎可以对人体所有的脏器进行诊断，如心、肝、胆、胰、肾、乳房、妊娠子宫等。由于 B 超成像可以清晰地显示各脏器及周围器官的各种断面图像，图像富于实体感，接近于解剖的真实结构，所以 B 超成像已经成为超声影像诊断中的主要手段。

（3）M 超特点。M 型超声诊断仪主要用来诊断心脏的各种疾病，如对心血管各部分大小的测量、厚度的测量、瓣膜运动情况的测量等。同时输入其他生理信号，还可以进行比较研究，如研究心脏各部分运动和心电图、心音图的关系，研究心脏搏动与脉搏之间的关系等。此外，还可以用来研究人体内其他各运动界面的活动情况，如一些动脉血管搏动情况等。目前，B 型超声诊断仪已普遍带有 M 型显像的功能。

（4）D 超特点。D 型超声诊断仪对于人体内活动目标，如血流、活动较大的器官的检测有独特功能，是一种很有发展前景的医学检测方法。近年来，利用微型电子计算机、数字信号处理技术、图像处理技术等相结合制成的各种系统，可以用来测定血流速度、血流容积流量和加速度、动脉指数、血管管径等，判断生理上的供氧、闭锁能力、有无紊流、血管粥样硬化等情况。

学习单元 2

超声波

一、超声波基础知识

医学超声成像是将超声波发射到人体内，接收从人体组织反射或透射的超声波，获得反映组织信息声像图的技术。

1. 超声波的定义与分类

日常生活中经常会涉及两种波，即电磁波和机械波。

电磁波是由电磁力的作用产生的，是电磁场的变化在空间的传播过程，它传播的是电磁能量。

机械波是由机械力（弹性力）的作用产生的，是机械振动在介质内的传播过程，它传播的是机械能量。机械波只能在介质中传播，不能在真空中传播。机械波速度比电磁波要慢得多。机械波按其频率又可分成各种不同的波，见表 1–1。

表 1–1　机械波分类

次声波	声波（可闻）	超声波
<20 Hz	20 Hz ~ 20 kHz	>20 kHz

超声波是频率超过 20 kHz 的机械波。超声波的频率范围很宽，而医学超声的频率范围为 200 kHz ~ 50 MHz，通用型超声诊断仪的超声频率多在 1 ~ 15 MHz。

超声波依据质点振动方向与波传播方向的关系，分为横波和纵波，如图 1-6 所示。横波是质点振动方向与波的传播方向垂直的波。纵波是质点振动方向与波的传播方向相同的波。常用的超声诊断仪都是利用纵波成像的。

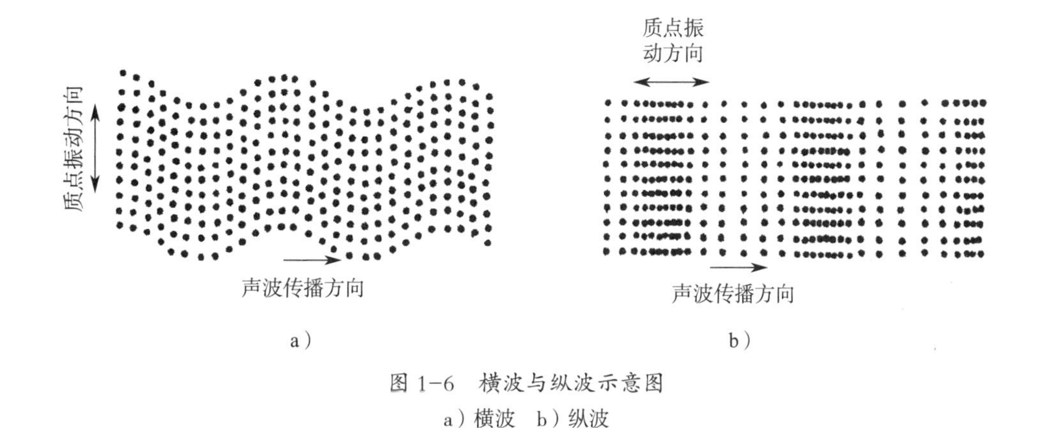

图 1-6 横波与纵波示意图

a）横波 b）纵波

2. 超声波的特性

超声波与可闻声波相比，具有如下特性。

（1）方向性好。由于超声波频率高、波长短、衍射现象不显著，所以超声波的传播方向性好，容易得到定向而集中的超声波束。超声波的这一特点，既便于定向发射以寻求目标，又便于聚焦以获得较大的声强。

（2）功率大。超声波在介质中传播时，介质质点振动的频率越高，功率越大。因此，超声波的功率可以比一般声波的功率大得多。

（3）穿透力强。实验证明，超声波在气体中衰减很强，而在液体和固体中衰减较弱，介质的吸收系数随波的频率增大而增大，因此当超声波的频率增加时，穿透力会下降，在不同的应用中应选用适当的频率。因其声强大，且能量集中，故有较强的穿透力。在不透明的固体中，超声波能穿透几十米的厚度。

（4）引起空化作用。超声波在液体中传播时，由于超声波与声波一样，是一种疏密的振动波，在传播过程中，液体时而受拉，时而受压。液体耐压，但承受拉力的能力很差。当超声波的波强度足够大时，液体因承受不住拉力而发生断裂（特别是在含有杂质和气泡的地方），从而产生近于真空或含少量气体的空穴。在声波压缩阶段，空穴被压缩直至崩溃。在崩溃过程中，空穴内部可达几千摄氏度的高温和几千个标准大气压的高压。此外，在小空穴形成过程中，由于摩擦而产生正、负电荷，在空穴崩溃时，产生放电、发光现象。超声波的这种现象，称为空化作用。

3. 超声波的主要参数

（1）波长。超声波在介质中传播时，两个相邻同相位点之间的距离，称为波长，用 λ 表示。

（2）周期。超声波向前移动一个波长的距离所需的时间，称为超声波的周期，常用 T 表示，其大小与成像的分辨率有关。

（3）频率。介质中质点在单位时间内振动的次数，称为超声波的频率，用 f 表示。频率在超声成像中是非常重要的参数，它与探测深度成反比，其大小决定设备的探测深度。

（4）声速。超声波在单位时间内在介质中传播的距离，称为声速，用 c 表示。声速 c 与介质的体积弹性系数 B 和密度 ρ 有关。

通常超声波在固体中的传播速度大于在液体中的传播速度，在液体中的传播速度大于在气体中的传播速度。超声波在人体软组织中的传播速度都很接近，常用 1 540 m/s 估算。

波长、周期、频率与声速之间的关系为：

$$\lambda=\frac{c}{f} \text{ 或 } T=\frac{1}{f}=\frac{\lambda}{c}$$

式中 λ——波长，m；

f——频率，Hz；

c——声速，m/s；

T——周期，s。

（5）声压。超声波在介质中传播，介质的质点密度时疏时密，以致平衡区的压力时弱时强，这样就产生了一个周期性变化的压力。单位面积上介质受到的压力，称为声压，用 P 表示。平面波声压的计算公式为：

$$P=\rho vc$$

式中 P——声压，Pa；

ρc——介质的特性阻抗，介质的密度与声速的乘积，单位为瑞利，即帕 × 秒 / 米（Pa · s/m）；

v——质点振动速度，m/s。

（6）声强。声强是超声诊断与治疗中的一个重要参数。在单位时间内，通过垂直于传播方向上单位面积的超声能量，称为超声强度，简称声强，用 I 表示。平面波 / 声强的计算公式为：

$$I=\frac{P^2}{\rho c}$$

式中 I——声强，W/m²；

P——声压，Pa；

ρc——介质的特性阻抗，Pa·s/m。

（7）声功率。声功率是指声源在单位时间内发射出的总声能，用 W 表示，常用单位是瓦特（W）。声功率是反映声源辐射声能大小的物理量，与声强、声压等物理量有密切的关系。平面波声功率的计算公式为：

$$W=IS$$

式中 W——声功率，W；

I——声强，W/m²；

S——声波垂直通过的面积，m²。

（8）声强级、声压级和声功率级。在比较声强、声压的大小时，其物理量的相差范围较大，习惯上使用声强级和声压级来表示超声的强弱。

1）声强级。人所能感知的声强范围是 $10^{-12}\sim1$ W/m²，其上下限相差 10^{12} 倍。在声学上采用对数标度来表示声强的等级，称为声强级，用 L_I 表示，单位为贝尔（B）。如果一个声波的强度为 I，则：

$$L_I=\lg\frac{I}{I_0}\ (\mathrm{B})$$

式中，$I_0=10^{-12}$ W/m²，是基础声强，即当频率 f=1 kHz 时人耳所能听到的最小声强。

由于贝尔单位较大，使用不方便，因此常用贝尔的十分之一，即分贝（dB）来表示声强级。则上式可表示为：

$$L_I=10\lg\frac{I}{I_0}\ (\mathrm{dB})$$

2）声压级。通常用声压级来比较两个声压的大小，用 L_P 表示，其公式为：

$$L_P=20\lg\frac{P}{P_0}\ (\mathrm{dB})\left(因为\ I=\frac{P^2}{\rho c}\right)$$

3）声功率级。通常用声功率级来比较两个声功率的大小，用 L_W 表示，其公式为：

$$L_W=10\lg\frac{W}{W_0}\ (\mathrm{dB})（因为\ W=IS）$$

根据以上公式，可以算出声压级或声强级。例如，某个声压 P 为参考声压 P_0 的 10 倍，则它的声压级 L_P 为 20 dB；如某个声强 I 为参考声强 I_0 的 10 倍，则它的声强级 L_I 为 10 dB。诊断超声成像中，回波的动态范围可达 100 dB 以上（以声压表示），就是指最大回波信号与最小回波信号之比可达 100 000 倍以上。

如果说明声强时没有指明参考声强，一般指参考声强 $I_0=10^{-12}$ W/m^2，这是国际上通用的声强参数。

（9）声特性阻抗。声特性阻抗又称为声阻抗率或声阻抗，是介质对振动面反作用的定量表达，是描述声波传输介质的重要物理量。在理想状态下，将声场中某一位置上的声压与该处质点振动速度之比定义为声特性阻抗，即：

$$Z=\frac{P}{v}$$

在平面波情况下，声特性阻抗具有简单的表达式：

$$Z=\rho c\quad（因为 P=\rho vc）$$

声特性阻抗的单位是瑞利，1 瑞利 =1 N·s/m^3=1 kg/（m^2·s）。超声诊断中常用介质的密度、声速和声特性阻抗见表 1-2。

表 1-2　　常用介质的密度、声速和声特性阻抗

介质	密度（kg/m^3）	声速（m/s）	声特性阻抗（瑞利 ×10^6）
空气（22 ℃）	1.3	330	0.000 429
水（37 ℃）	993	1 523	1.513
生理盐水	1 002	1 534	1.537
羊水	1 013	1 474	1.493
肝	1 050	1 570	1.648
脂肪	955	1 476	1.410
肌肉	1 074	1 568	1.684
颅骨	1 658	3 360	5.570

二、超声波传播特性

超声波频率高、波长短，具有近似于光的某些特征，超声波在人体内的主要传播特性如下。

1. 束射性

超声波的束射性也称为指向性，是指超声波在介质中传播时方向性的好坏。超声波频率越高，波长越短，超声波束射性越强，其指向性越明显。

2. 反射、折射与透射

超声波在无限大界面上以一定的角度射入时，会产生反射和折射，如图 1-7 所

示。其反射与折射定律与光学是类似的。

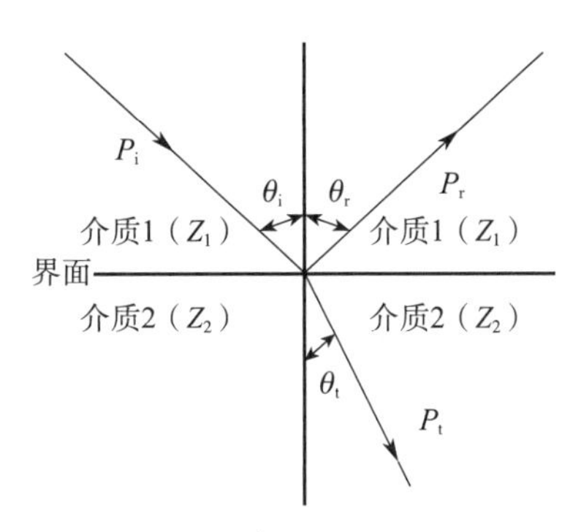

图 1-7 超声波的反射与折射

图中，i、r、t 分别表示入射、反射和折射波。介质 1 和介质 2 的声特性阻抗分别是 Z_1 和 Z_2。

折射定律表明，入射角正弦与折射角正弦之比等于两种介质中的声速之比，即：

$$\frac{\sin\theta_i}{\sin\theta_t}=\frac{c_1}{c_2}$$

根据界面平衡条件，在界面上两边的总压力应该相等；界面上两边质点的速度应该连续，故有：

$$P_i+P_r=P_t$$

$$v_i\cos\theta_i-v_r\cos\theta_r=v_t\cos\theta_t$$

式中 P——声压，Pa；

v——质点振动速度，m/s。

负号表示反射波方向与入射波相反。

因为 $Z=\frac{P}{v}$，即 $v=\frac{P}{Z}$，所以上式可变为：

$$\frac{P_i}{Z_1}\cos\theta_i-\frac{P_r}{Z_1}\cos\theta_r=\frac{P_t}{Z_2}\cos\theta_t$$

联立方程组，求得声压的反射系数 τ_{pr} 和折射系数（透射系数）τ_{pt} 分别为：

$$\tau_{pr}=\frac{P_r}{P_i}=\frac{Z_2\cos\theta_i-Z_1\cos\theta_t}{Z_2\cos\theta_i+Z_1\cos\theta_t}$$

$$\tau_{pr}=\frac{P_t}{P_i}=\frac{2Z_2\cos\theta_i}{Z_2\cos\theta_i+Z_1\cos\theta_t}$$

因为声强 $I=\frac{P^2}{\rho c}=\frac{P^2}{Z}$，所以超声强度反射系数 τ_{ir} 和折射系数 τ_{it} 分别为：

$$\tau_{ir}=\frac{I_r}{I_i}=\left(\frac{P_r}{P_i}\right)^2=\left(\frac{Z_2\cos\theta_i-Z_1\cos\theta_t}{Z_2\cos\theta_i+Z_1\cos\theta_t}\right)^2$$

$$\tau_{it}=\frac{I_t}{I_i}=\frac{Z_1}{Z_2}\left(\frac{P_t}{P_i}\right)^2=\frac{4Z_1Z_2\cos^2\theta_i}{(Z_2\cos\theta_i+Z_1\cos\theta_t)^2}$$

如果超声波是垂直入射的，即 $\theta_i=\theta_r=\theta_t=0$，则有：

$$\tau_{pr}=\frac{Z_2-Z_1}{Z_2+Z_1} \qquad \tau_{pt}=\frac{2Z_2}{Z_2+Z_1}$$

$$\tau_{ir}=\left(\frac{Z_2-Z_1}{Z_2+Z_1}\right)^2 \qquad \tau_{it}=\frac{4Z_1Z_2}{(Z_2+Z_1)^2}$$

上式表明，反射超声能量的大小取决于两种介质的声特性阻抗差，Z_1 和 Z_2 差值越大，则反射能量越多，透射能量越少；Z_1 和 Z_2 差值越小，则反射能量越少，透射能量越多。如果 $Z_1=Z_2$，则没有反射，即全透射。例如，探头吸声背块和晶体声阻抗率相同，在界面上没有反射，从而保证了背向辐射的超声全部进入吸声背块。

3. 衍射与散射

（1）衍射。衍射是指声波在传播过程中，遇到障碍物或缝隙时传播方向发生变化的现象，如图 1-8 所示。只有缝、孔的宽度或障碍物的尺寸跟波长相差不多或者比波长更小时，才能观察到明显的衍射现象。超声波与障碍物相互作用后，可绕过界面或障碍物的边缘几乎无阻碍地向前传播，所以又称为绕射。

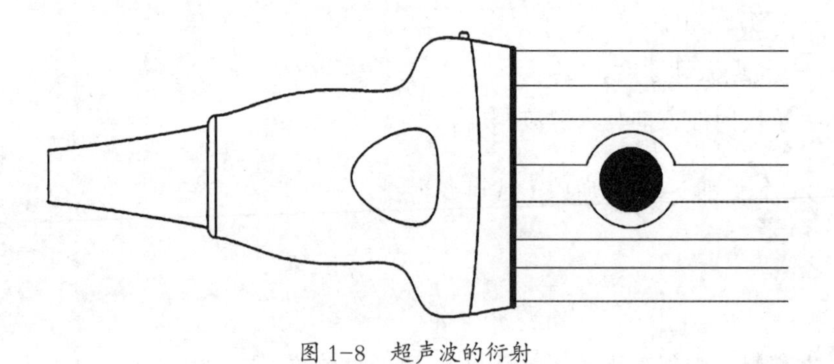

图 1-8　超声波的衍射

衍射现象常应用于医学诊断时，例如诊断胆结石时，超声波与之作用，在其界面发生反射，在其边缘发生衍射，于是在胆结石后方出现“声影”，这常作为判断结石的依据。但衍射现象是复杂的，与障碍物的大小、声束直径等都有关。一般说来，如果结石较大，则只有边缘处发生衍射，结石后方留下声影；如果结石较小，则发生完全绕射，结石后方没有声影。

（2）散射。散射是指声波在传播过程中，投射到不平的分界面或介质中的微粒上

而向不同方向传播的现象，也称为乱反射，如图 1–9 所示。

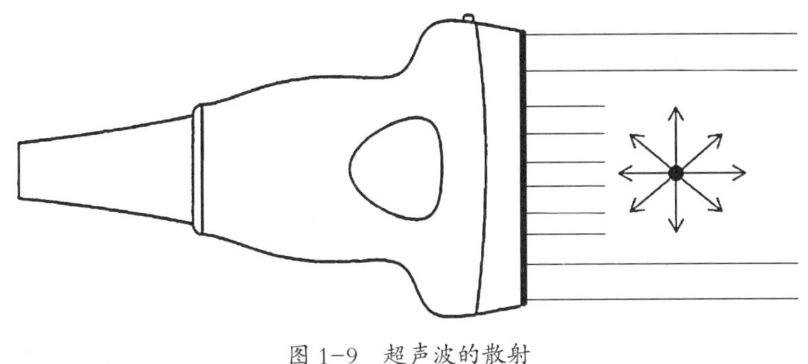

图 1–9 超声波的散射

散射的条件是障碍物的尺寸远远小于声波波长，散射时，小障碍物又将成为新的波源，并向四周发射超声波。所以，散射时探头接收到的散射回声强度与入射角无明显关系。人体中发生超声散射的小物体主要有红细胞和脏器内的微小组织。散射和反射是完全不同的，反射发生在界面上，而散射发生在介质内，一般说来，大界面上超声的反射回声幅度较散射回声幅度大数百倍。利用超声波的反射只能观察到脏器的轮廓，而利用超声波的散射可以观察到脏器内部的病变。

4. 叠加原理与干涉

（1）叠加原理。介质中同时存在几列波时，每列波能保持各自的传播规律，它们相遇后再分开，其传播情况（频率、波长、传播方向、周期等）与未遇时相同，互不干扰。在几列波重叠的区域里，介质的质点同时参与这几列波引起的振动，质点的位移等于这几列波单独传播时引起的位移的矢量和，这一事实即为波的叠加原理，如图 1–10 所示。

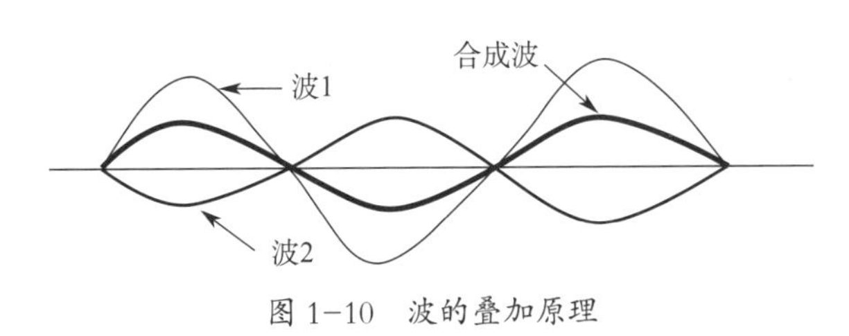

图 1–10 波的叠加原理

（2）干涉。两个或多个频率相同、振动方向相同、相位相同或相位差保持恒定的声源，在同一介质中相遇时，可使某些地方的振动始终加强（相位相同叠加），某些地方始终减弱甚至抵消（相位相反叠加），超声能量在空间重新分布，引起声场中振动幅值的变化，这一现象称为波的干涉，如图 1–11 所示。波的干涉是波叠加的一个特殊情况，任何两列波都可以叠加，但只有满足相干条件的两列波才能产生稳定的干涉现象。符合干涉条件的两列波称为相干波。

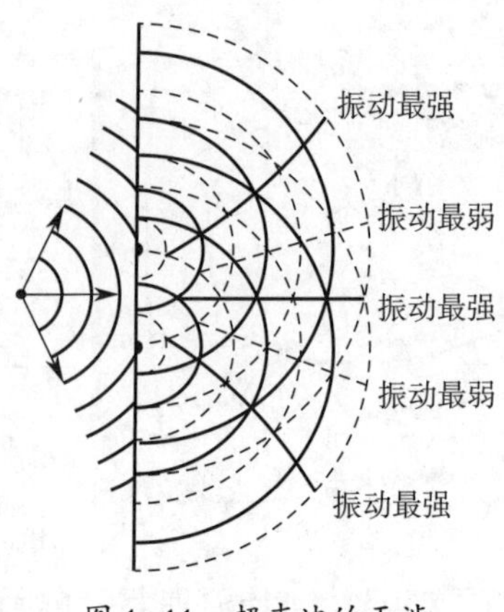

图 1-11 超声波的干涉

同频率的两波源在同种介质中产生的两列波，波长相同。这两列波的波峰和波峰（波谷和波谷）相遇处，振动加强；波峰和波谷相遇处振动减弱。因此可得：若介质中某质点到两波源的距离之差为波长的整数倍，则该质点的振动是加强的；若某质点到两波源的距离之差是半波长的奇数倍，则该质点的振动是减弱的。

超声探头

超声探头是各种超声成像设备将电能与机械能互相转换的媒介，超声的产生和接收都由探头完成。

一、压电效应

1. 定义

某些电介质在沿一定方向上受到外力的作用而变形时，其内部会产生极化现象，同时在它的两个相对表面上出现正负相反的电荷。去掉外力后，电介质会恢复不带电的状态，这种现象称为正压电效应，如图 1–12 所示。当作用力的方向改变时，电荷的极性也随之改变。在电介质的极化方向上施加电场，这些电介质也会发生变形，去掉电场后，电介质的变形随之消失，这种现象称为逆压电效应，或称为电致伸缩现象，如图 1–13 所示。能够产生压电效应的能量转换器件称为压电换能器。

在医学应用中，超声波的发射是利用换能器的逆压电效应，即用电信号激励换能器，使其产生机械振动，振动在弹性介质中的传播形成超声波。超声波的接收是利用正压电效应，即把超声波对换能器表面的压力转换为电信号。因此，压电效应是换能器工作的基础。

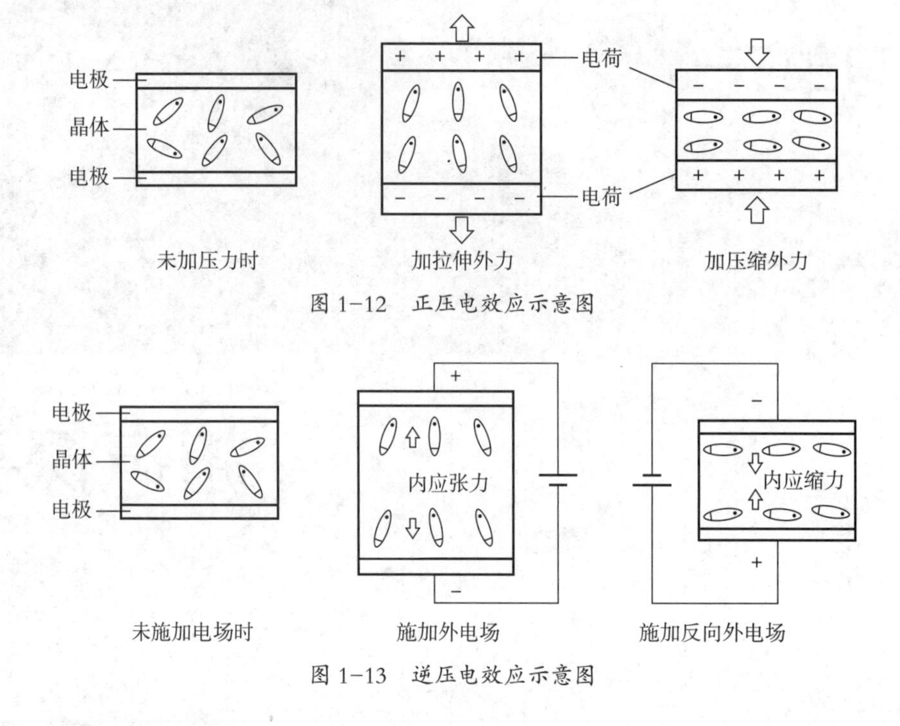

图 1-12　正压电效应示意图

图 1-13　逆压电效应示意图

2. 医用压电材料

医用超声探头的核心是压电换能器，也称为压电振子，它是用具有压电效应的压电材料制成的。探头的压电材料是决定机器质量的基础，因为它直接关系电声转换效率。

目前用于医用超声换能器的压电材料，按物理结构可分为压电单晶体、压电多晶体（压电陶瓷）、压电高分子聚合物等。应用最多的有以下两种。

（1）压电多晶体。以压电陶瓷为主，主要材料是锆钛酸铅（PZT）。

1）PZT 的优点

①电 - 声转换效率高，易于电路匹配。

②材料性能稳定，价廉。

③易于加工，可压制成任意形状、尺寸。

④非水溶性，耐湿防潮，机械强度较大。

2）PZT 的缺点

①压电陶瓷是多晶体，使用频率受到一定限制。

②由于陶瓷的抗拉强度低，导致材料本身具有脆性。

③陶瓷的物理性能受温度影响大，一旦温度高于居里点，其压电性能立即消失。

（2）压电高分子聚合物。压电高分子聚合物是一种半结晶聚合物，其中性能较好的材料为聚偏二氟乙烯（PVDF），它具有柔软的塑料薄膜特性。这种材料接收灵敏度

高，同时容易达到极高的厚度谐振基频，因而在高频段可获得较平坦的灵敏度响应，并且在窄脉冲情况下工作效率较高。

二、超声探头的种类

1. 单振元探头

单振元探头是指探头内只有一个振元的探头，这种探头最早应用于超声诊断仪。

（1）柱形单振元探头。柱形单振元探头主要用于 A 超和 M 超，是各型超声诊断仪探头的结构基础。

柱形单振元探头的基本结构如图 1–14 所示，它主要由五部分组成。

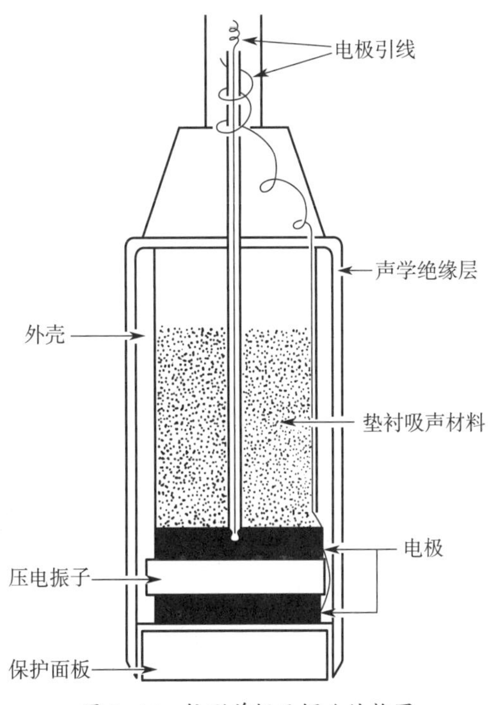

图 1–14　柱形单振元探头结构图

1）压电振子。压电振子用于发射和接收超声波，其几何形状和尺寸是根据诊断要求来确定的，上、下电极分别焊有一根引线，用来收、发电信号。

2）垫衬吸声材料。垫衬吸声材料用于衰减并吸收压电振子背向辐射的超声能量，使之不在探头中来回反射，以免加长振子的振铃时间。要求垫衬具有较大的衰减能力，并具有与压电材料接近的声阻抗，以使来自压电振子背向辐射的声波全部进入垫衬中并不再反射回压电振子中。

3）声学绝缘层。声学绝缘层可以防止超声能量传至探头外壳引起反射，以免造成对信号的干扰。

4）外壳。外壳是探头内部材料的支承体，并固定电缆引线，壳体上通常标明该探头的型号、标称频率等。

5）保护面板。一般分为两层，外层可以保护压电振子不被磨损，应选择衰减系数低并耐磨的材料；内层为匹配层，其厚度应为 $\lambda/4$ 或 $\lambda/4$ 的奇数倍。

（2）机械扇扫探头。利用机械扇扫探头实现超声图像的实时动态显示，是 20 世纪 70 年代后期才趋于成熟的一项技术。开始时扫描线数较少，扫描角度小，扫描线间隔角度的均匀性差，而且探头的体积和重量都较大，使用十分不便。随着技术的进步，到 20 世纪 80 年代中期，机械扇扫探头的产品性能日趋改善。

机械扇扫技术发展的过程中，出现了不同结构特征的探头。如图 1–15 所示是一种较成熟的摆动式机械扇扫探头，它由压电晶体、直流电动机、旋转变压器及曲柄连杆机构组成。该探头仍采用圆形压电振子，并将其置于一个盛满水的小盒中，前端由一橡皮膜密封，此范围又称为透声窗。旋转变压器用于产生形成扇形光栅所必需的正、余弦电压，它是关于角度的敏感元件，当直流电动机转动时，通过曲柄连杆机构带动旋转变压器在一定角度范围内转动，旋转变压器的两个次级绕组（转子绕组）给出正、余弦电压。直流电动机通过曲柄连杆机构带动压电振子做 80° 摆动，从而使声束在 80° 范围内实现扇形扫描。

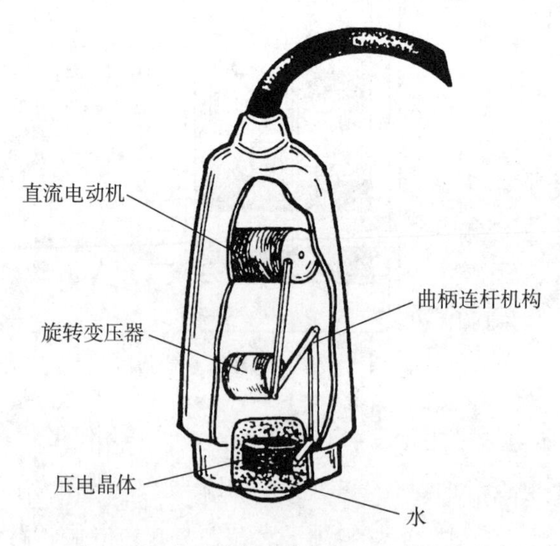

图 1–15　摆动式机械扇扫探头结构示意图

机械扇扫探头一般采用圆形单振子。其优点是：具有较好的柱状声束，有利于提高系统的灵敏度；体积小，重量轻，使用轻巧方便；光栅的线密度可以做得较高，从

而获得令人满意的图像质量。当然，其缺点也是明显的，如扫描重复性高、稳定性较差、噪声大、使用寿命短，因此渐渐地被多振元探头（电子线阵探头、凸阵探头、相控阵探头、矩阵探头等）取代。

2. 多振元探头

随着超声成像技术的不断改进，单振元探头已满足不了成像需求，多振元探头成为现代超声成像设备的必备探头，根据形状与扫描方式，主要分以下几种。

（1）电子线阵探头。电子线阵探头以其较高的分辨力和灵敏度、波束容易控制、实现动态聚焦等特点已被广泛采用。电子线阵探头的换能器采用了多个相互独立的压电振子排列成一排，主要由多元换能器、声透镜、匹配层、阻尼垫衬、二极管开关控制器和外壳六部分组成，如图 1-16 所示。

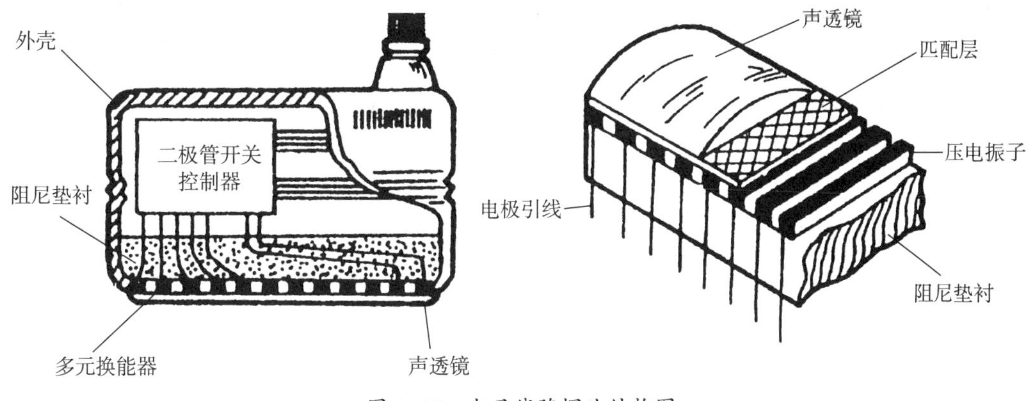

图 1-16　电子线阵探头结构图

1）多元换能器。多元换能器的振元通常采用切割法制造工艺，即对一宽约 10 mm、一定厚度的矩形压电振子，通过计算机程控顺序开槽。开槽宽度应小于 0.1 mm，开槽深度则不能一概而论，这是因为所用晶片的厚度取决于探头的工作频率，相当于半波长厚度的频率称为压电振子的基础共振频率。

换能器的工作频率确定后，即可确定所用晶片的厚度。探头的工作频率越高，所用晶片的厚度越薄。开槽的深度主要影响振元间互耦的大小，振元间互耦大则相互干扰大，使收发分辨力降低。一般来说，开槽深则互耦小。

每个振元的宽度要从辐射强度和波束的扩散角两个方面进行考虑。宽度窄，则振元的有效面积小，辐射强度小，影响探测灵敏度；宽度窄还会造成近场区域以外扩散角大，声束主瓣宽、副瓣大，横向分辨力下降。

更新的设计是采用组合振元方式，即每一组激励振元由几个晶片组成（这样的一个组合称作一群），可以较好地解决互耦与工艺的矛盾。既保证了探头的辐射功率，又使声束副瓣得到压缩。

2）声透镜。其作用与光学透镜相似，对换能器发出的超声束起汇聚作用，可改善探测灵敏度，提高横向分辨力。声透镜一般做成平凸形，利用折射原理聚焦声束，因此要求声透镜的材料应有较大的折射率，其声阻抗应接近振子和耦合介质的声阻抗，且对工作频率内的超声能量有最小的衰减。其材料通常采用环氧树脂、丙烯树脂与其他成分复合制成。

3）匹配层。换能器中的压电振子发出的超声波通过声透镜传播到人体时，由于两者的声特性阻抗差别比较大，将产生反射，增加能量损耗并影响分辨力，因此，在压电振子和声透镜之间加入声特性阻抗适当的薄层来实现匹配，而在声透镜和人体之间使用耦合剂进行匹配。

4）阻尼垫衬。其作用与柱形单振元探头中的垫衬作用相同，用于产生阻尼，抑制振铃并消除反射干扰。对阻尼垫衬材料的要求和柱形单振元探头要求相似。

5）二极管开关控制器。其用于控制探头中各振元按一定组合方式工作，若采用直接激励，则每一个振元需要一条信号线连接到主机，目前换能器振元数已普遍增加到数百个，与主机的连线需要数百根。采用二极管开关控制器可以使探头与主机的连线数大大减少。

6）外壳。外壳起保护作用，一般采用重量轻、硬度强的聚丙烯材料。

（2）凸阵探头。凸阵探头的结构与线阵探头相同，只是振元排列成凸形。相同振元结构凸阵探头的视野要比线阵探头大。但凸阵探头波束扫描远程扩散，必须给予线插补，否则线密度过低，影响图像的清晰度。

（3）相控阵探头。相控阵探头是把若干个独立的压电晶片按一定的组合方式排成一个阵列，通过控制压电振子的激励顺序和信号延时，达到对声束方向、焦点位置与大小等声场特性控制的目的。相控阵探头可以实现波束电子相控扇形扫描，因此又称为电子扇扫探头。

相控阵探头结构（见图 1–17）与线阵探头的结构相似，所用换能器也是多元换能器，探头的结构、材料和工艺也相近。

相控阵探头与线阵探头不同之处主要有两点：一是在探头中没有开关控制器，这是因为相控阵探头中振元不像线阵探头那样分组工作，因此不需要用控制器来选择参与工作的振元；二是相控阵探头的体积和声窗面积都较小，但可以实现扇形扫描，可以通过一个小的“窗口”，对一个较大的扇形视野进行探查。

（4）矩阵探头。矩阵探头是多平面超声探头，主要应用于实时三维超声成像，其换能器是由一块矩形压电晶体用激光切割成数千个小的振元排列而成的，其振元与头发丝对比如图 1–18 所示。

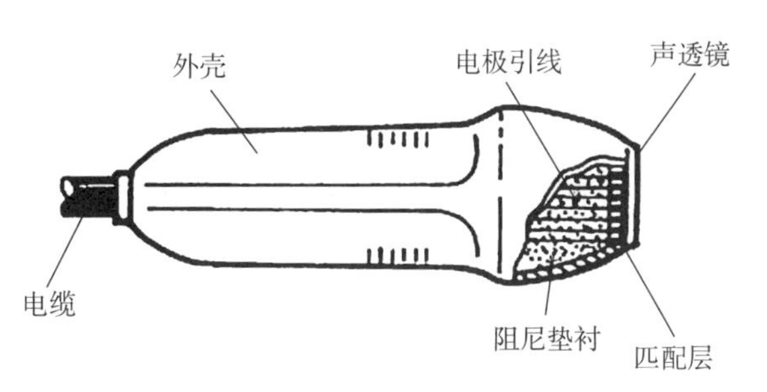

图 1-17　相控阵探头结构图

图 1-18　矩阵探头换能器振元与头发丝对比图

矩阵探头发出的扫描线呈矩阵排列，可以在三维的立体空间层面反映靶目标任意细微结构的真实三维状况，实时更新覆盖范围内形态的变化。

为实现实时三维超声成像，探头还匹配了先进的微电子处理技术，相当于 150 块计算机芯片的处理能力，可同时处理几千个晶片接收的声束信息，形成三维实时影像。

三、超声场

弹性介质中充满超声能量的空间称为超声场，超声传播所到之处，就形成超声场。不同的超声振源和不同的传播条件形成不同超声能量的空间分布。了解超声场的性质和分布特点，对超声成像设备的设计与应用都是很重要的。

1. 线阵（或凸阵）探头的超声场

现代的超声换能器多是由多个矩形振元线阵（或凸阵）排列的，若它们以同频率、同相位、等振幅振动时，合成产生的超声场如图 1-19 所示。

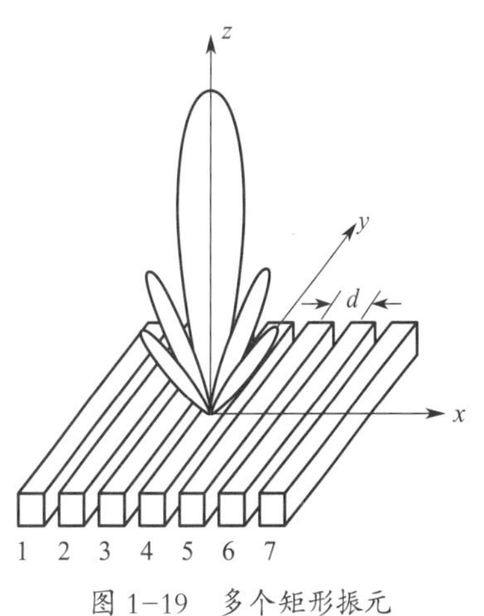

图 1-19　多个矩形振元超声场指向性图

合成超声场中心是主瓣，代表波束的指向性。为使主瓣窄，应加大振元数 n 和相邻振元间中心距 d。但 n 的大小一方面受探头体积的限制，另一方面又受探测部位声窗大小的限制。而 d 过大，将使副瓣增大，这反而会影响横向分辨力。降低频率也可以使主瓣变窄、副瓣减小，但这样又会使副瓣角（特别是第一副瓣角）变大，同样也影响分辨力。因此，换能器的尺寸要根据以上因素综合予以考虑。

2. 线阵超声场指向性的控制

经研究发现，延时激励会使线阵超声场的指向性发生改变。如果线阵排列的五个振元同时被激励时，其合成超声场的主瓣中心线垂直于振元排列方向，如图 1–20a 所示。如果激励的方式发生改变，例如采用延时激励，即第 1 个振元最先激励，延时一段时间再激励第 2 个振元，以此类推。这时合成超声场的指向性就与振元排列方向的法线产生了一个偏角 α，如图 1–20b 所示。偏角的方向与激励顺序有关，由振元“1 → 5”顺序逐个延时激励，偏角在 z 轴右侧；由振元“5 → 1”顺序逐个延时激励，偏角在 z 轴左侧。偏角 α 的大小与激励信号的延时量有关。

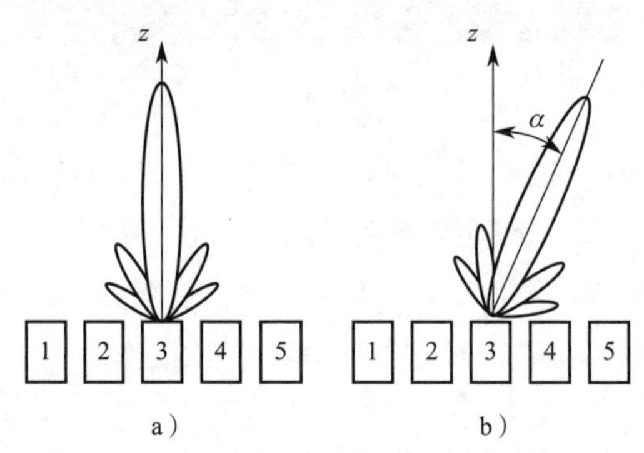

图 1–20 线阵超声场指向性控制示意图

a）同时激励 b）延时激励

通过改变激励脉冲的延时量，可控制超声场的指向性，在医学超声成像技术中运用广泛，相控阵探头就是运用这种方式来形成扇形扫描的，而后文要讲的电子聚焦也是通过控制波束的指向性来实现的。

四、组合扫描

现代超声探头的换能器多是由相互独立的多个振元（至少 64 个振元）排列组成的。为了提高系统的分辨力和灵敏度，工作时通常都是若干个相邻的振元同时受到激励，这种方式称为组合扫描。

多阵元组合发射等效于单个振元的宽度加大，便于对波束的电子聚焦和多点动态聚焦，从而改善整个探测深度范围内的分辨力和图像清晰度。

选用线阵各振元不同的工作次序和方式，会直接影响成像质量。由于振元不同顺序的分组激励，也就形成不同的发射束扫描。

如图 1–21 所示为组合顺序扫描示意图，设总振元数为 n，子振元数为 m（假设 m=4），则激励顺序为：1→4，2→5，3→6，4→7……

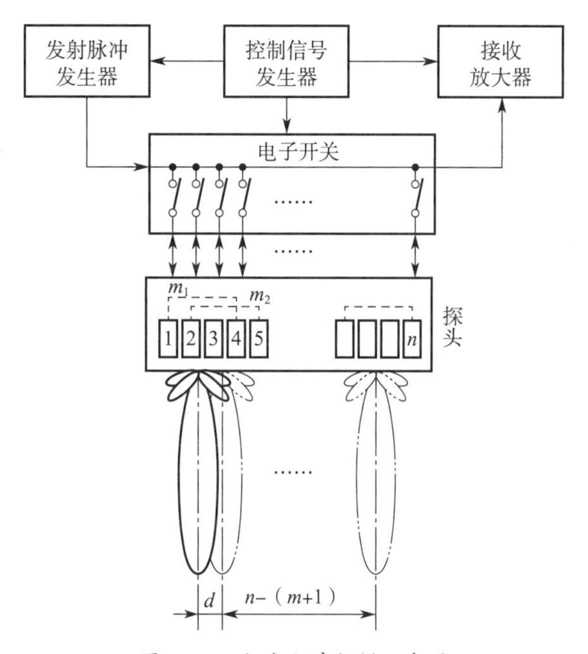

图 1–21　组合顺序扫描示意图

由图 1–21 可见，顺序扫描是用电子开关顺序切换方式，将相邻的 m 个振元构成一个组合，接入发射 / 接收电路的振子，使之分时组合轮流工作，产生合成超声波束发射并接收。这种顺序扫描方法最简单，虽然它使等效孔径加大，波束变窄，分辨力有所提高，但从表 1–3 可知，此种扫描声束的线距等于振元间距，图像质量不高。

表 1–3　组合顺序扫描工作流程

发射 / 接收次数	发射 / 接收振元	声束中心位置	波束位移
第一次	1→4	振元 2、3 中间	—
第二次	2→5	振元 3、4 中间	d
第三次	3→6	振元 4、5 中间	d
第四次	4→7	振元 5、6 中间	d
……	……	……	d
第 $n-m+1$ 次	$(n-m+1)\rightarrow n$	振元（n−2）、（n−1）中间	d

五、声束的聚焦

探头发出的超声束在探测深度范围内汇聚收敛称为超声的聚焦，要提高超声探测器的灵敏度和分辨力，除了对线阵探头实施多振元组合发射之外，还需将探头发射的超声束在一定的深度范围内汇聚收敛，以此增强波束的穿透力和回波强度。

声束聚焦通常分为声学聚焦和电子聚焦两类。采用的聚焦方式视不同的应用场合而定。有些场合仅采用一种聚焦就可以满足要求，有的场合需要同时采用两种聚焦。

1. 声学聚焦

声学聚焦采用声透镜进行聚焦，与光学聚焦的基本原理相似。声透镜是利用声波经过声速不同的介质时会产生折射的原理而制成的聚焦元件，其聚焦原理如图 1–22 所示。焦距 F 的长短与透镜曲率半径 $\frac{a}{2}$ 成正比，与折射率 f 成反比。通过对声透镜几何尺寸和材料特性的选择，可改变其聚焦特性。为了减小超声波在材料中的传输损耗，声透镜应尽可能做得薄些。要保证良好的声学聚焦，还应考虑声透镜材料的选择、声阻抗的匹配及制作工艺等。

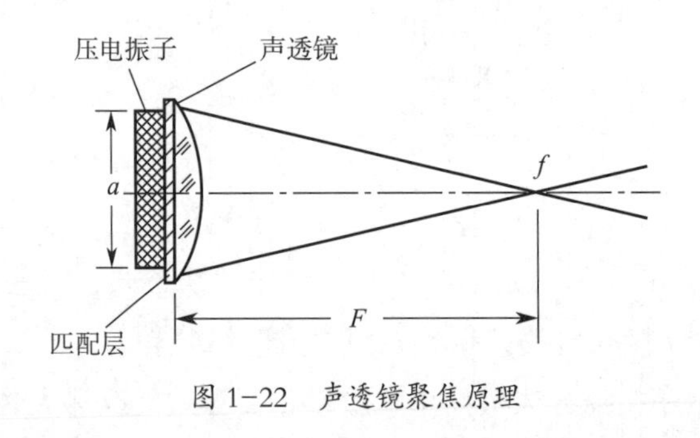

图 1–22　声透镜聚焦原理

2. 电子聚焦

用声透镜对声束进行聚焦，其焦距是固定不变的，这对探测不同深度的目标不利。人们根据对线阵振元延时触发可改变声束指向性的原理，研究出电子聚焦方式，为动态聚焦打下了良好的基础。电子聚焦实质是对各振元采用延时激励，即使每一激励脉冲经不同的延时后到达各振元，使这些振元发射的声场在某个既定的区域内，因相位相同产生相长干涉，而在另一区域内产生相消干涉，使各阵元发射的超声波在焦点处汇聚，换能器辐射的波阵面等效于一个凹面发射源。

电子聚焦的焦距长短取决于被激励的阵元数目、激励脉冲的延迟时间、换能器的

工作频率和间隔距离等。通常焦距越长，被激励的阵元越多，延迟时间越长。

超声成像过程中，在整个探测深度的范围内，波束都能有良好的汇聚，才能提高整幅图像的清晰度，这就要求发射波的焦距可变，即动态电子聚焦。由于发射波的焦距是随发射激励脉冲的不同延时而改变的，因此改变激励脉冲的延时就可调节焦距，从而获得动态电子聚焦。

动态电子聚焦又可分为等声速动态电子聚焦和全深度分段动态电子聚焦。等声速电子聚焦的实现方法是：通过计算机控制，以一定的速率改变发射和接收的延迟时间，使焦点随发射波和接收同步移动，使整个探测深度的所有位置都有良好的横向分辨力。但由于焦点的移动速度快，延时分级细，延时精度高，故对电路设计有更高的要求。

全深度分段动态电子聚焦就是将所要探测的深度划分成若干段，常分为四段，即近场（N）、中场（M）、远场 1（F_1）、远场 2（F_2），如图 1–23 所示。这四个焦距由聚焦延迟时间关系和传播介质中声速确定。工作时按近场、中场、远场 1、远场 2 顺序发射。这种聚焦方式的优点是分段数少（仅分四段），对延迟线的转换速度要求不高，电路实现也较容易；缺点是显示一行信息需经若干次不同焦点的发射与接收，降低了成像速度，容易造成图像闪烁，超声设备在图像处理过程中采用“慢入快出”的方式来解决上述问题。

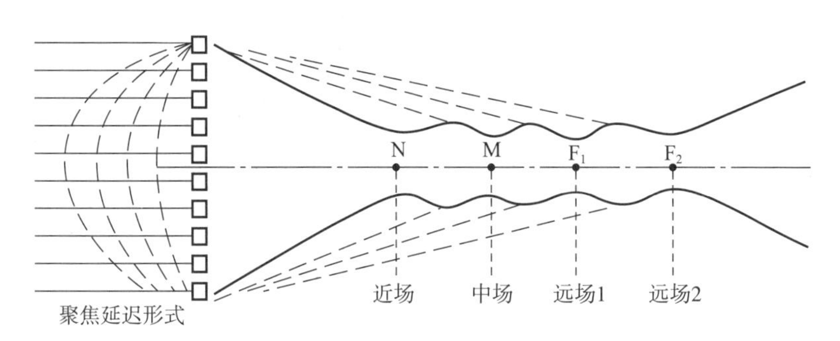

图 1–23　全深度分段动态电子聚焦

学习单元 4

超声诊断仪基本电路

B 超发展初期主要采用的是模拟超声成像技术。以线阵扫描 B 超系统为例，其基本工作原理是将若干组超声换能器依直线（或凸形）排列，由控制系统控制，依次激励各组换能器，形成扫描波束。同时，换能器接收回波信号。当前一组换能器完全接收回波后，下一相邻组换能器才开始工作。同时，采用相控技术进行波束聚焦，使回波信号得到增强，并将其送到信号处理系统，信号处理系统再将回波信号根据需要进行处理后，变成视频信号输出，形成医学超声影像。

B 超系统一般由发射单元、接收单元、信号处理与图像形成单元、系统控制单元等部分组成，如图 1–24 所示。下面以线阵扫描 B 超系统为例，具体讲解各单元的基本组成及其工作原理。

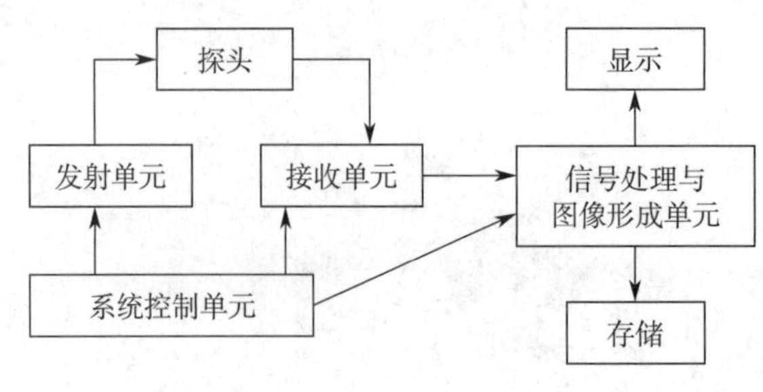

图 1–24　B 超基本组成

一、发射单元

发射单元是指把控制单元给出的触发逻辑信号（DP）调制成探头振元所需的激励脉冲信号的单元电路。如图 1–25 所示为 EUB–240 型 B 超发射单元电路框图，可分为发射聚焦电路、发射多路转换电路、发射脉冲产生电路、二极管开关电路和二极管开关控制电路。

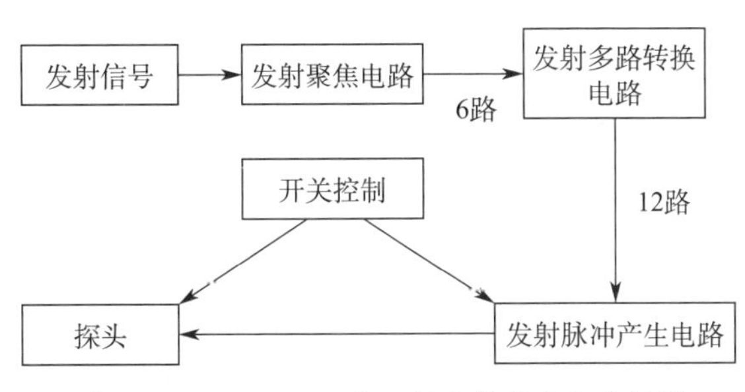

图 1–25　EUB–240 型 B 超发射单元电路框图

1. 发射聚焦电路

发射聚焦电路通常由多路延迟线组成，用于完成对发射波束长轴方向的电子聚焦。其原理是利用多路延迟线，对单个驱动脉冲进行延时分配，以形成多个具有不同延时量的触发脉冲输出，经多路转换开关选择后，触发发射脉冲产生电路，对探头产生激励，形成发射超声聚焦波束。因此，输出的各路触发脉冲的延时量必须根据当前发射的焦距来确定，这通常也是由 CPU（中央处理器）根据操作者的命令给出相应的控制数据（聚焦码）来实现的。

对发射聚焦电路的基本要求是：能根据波束扫描方式的需要，提供不同延时量的脉冲信号；一次输出的各脉冲信号应符合发射聚焦的要求；考虑探头工作频率和多点动态聚焦的需要，脉冲延时能通过数控方式快速变换；足够的延时精度。

2. 发射多路转换电路

线阵探头振元数量很多，发射多路转换电路的功能是根据扫描、多点动态聚焦的需要，对聚焦电路输出的多路延时脉冲进行按组重新分配。一般在控制码的控制下，由数据选择器来实现。各数据选择器的输出端交叉并接于 16 个发射脉冲产生电路。各数据选择器的输入端分别与来自聚焦延时触发的脉冲相接。

3. 发射脉冲产生电路

发射多路转换电路输出的延时脉冲是逻辑信号，不能直接用来激励探头的振元，使之产生超声振荡，而是要将这一逻辑脉冲“转换”成一个幅度、宽度、功率等都能满足振元产生超声振荡的脉冲。这一“转换”是由发射脉冲产生电路实现的，发射脉冲的幅度和宽度是两个重要指标。

一般而言，发射脉冲幅度大，则超声功率强，而且接收灵敏度也高；脉宽窄，则分辨力高，盲区小。应尽可能减小发射激励脉冲的后沿振铃，以适应一定的高电压输出。

发射脉冲产生电路最关键的地方是对激励脉冲后沿的处理，即尽可能减小阻尼振荡的幅度，减少振荡的次数。

4. 二极管开关电路和二极管开关控制电路

现代 B 超线阵探头换能器通常由多达数百个振元分成若干群组成。若采用直接激励，需要很多条信号线去连接主机和各振元群。为了减少探头与主机的连线，需要在探头中设置二极管开关。

为了控制二极管开关电路，还必须设置一个二极管开关控制器，用于产生控制探头中二极管开关所需要的控制信号。输出高电平时，探头中相应二极管开关打开，否则输出为低电平。

二极管开关电路一般安装在探头中，而二极管开关控制电路则安装在主机中。

二、接收单元

接收单元是指探头接收到反射超声波，将其转换成电信号，从输出开始到回波信号合成为止的单元电路。如图 1-26 所示为 EUB-240 型 B 超的接收单元电路框图，分为前置放大、信号合成（虚线部分）两部分，信号合成又分为接收多路转换、可变孔径、相位调整等。

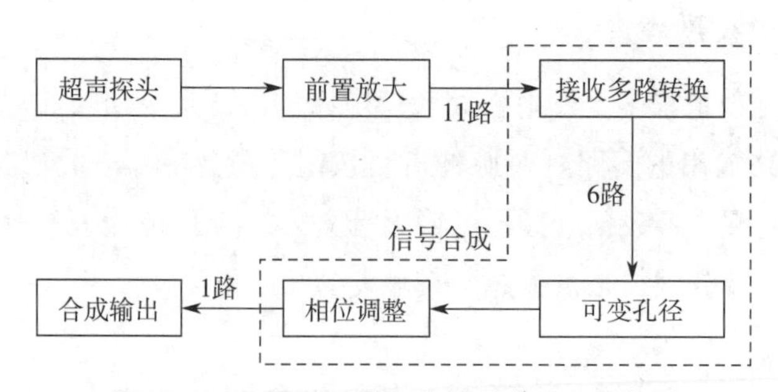

图 1-26　EUB-240 型 B 超接收单元电路框图

由于采用多振元组合发射和动态聚焦，其接收电路也要与发射电路对应，形成对发射调制的解调过程。

1. 前置放大

探头获得的回波信号十分微弱，加上传输衰减，其信噪比降得更低。因此应预先给予一定量的放大，才能送往后级合成处理。对前置放大器的要求是在做到低噪声和外部干扰小的前提下，尽可能提高放大器的增益。另外，由于回波信号占据一定的频带范围，所以要求放大器有足够的带宽，否则容易产生波形失真，从而导致纵向分辨力下降。

前置放大器的路数与一次投入工作的振元数目、开关二极管阵列的控制有关。例如，EUB-240 型 B 超共设置 16 路前置放大器。

2. 信号合成

信号合成是对同一目标反射信号到达不同振元的信号合成，对于具有对称延迟特点的回波，一般采用如下步骤：第一步，将具有对称特点的 $2n$ 路回波，用多路转换开关在控制码的控制下，使其合成（转换）成 n 路信号；第二步，根据发射焦点数据，对第一步已获得的 n 路信号再次进行调相（即对发射聚焦的“解焦”），使之同相合成为单一的信号输出。

（1）接收多路转换开关。EUB-240 型 B 超中，接收多路转换开关的任务就是从前置放大器的 16 路输出中，选出当前有回波信号输出的 11 路，并将它们合成（转换）为 6 路（F0 ~ F5）输出。

（2）可变孔径电路。采用多振元组合发射，虽实现了动态电子聚焦，但接收会带来换能器有效孔径增大的问题，孔径增大意味着近场分辨力降低。因此采用可变孔径接收，近场用小孔径，中、远场用较大孔径，这样既保证了近场分辨力不会降低，又兼顾中、远场的指标。

在接收过程中，对于近场目标信号，用较少的振元投入工作，即缩小孔径；对于中场目标信号，用比近场较多一点的振元投入工作，适当扩大孔径；对于远场目标信号，用较多的振元投入工作，进一步扩大孔径。随着探测深度的增加，分段增加接收振元的工作，从而达到由浅至深分段增大孔径的目的。

（3）相位调整。接收相位调整是信号合成的最后一步，它实质上是发射聚焦的解焦电路。调相电路将可变孔径电路输出的各路信号之间的延时量进行调整，使之实现同相合成。

三、信号处理与图像形成单元

信号处理与图像形成单元是指回波信号合成后进行一系列处理，最后形成全电视信号的单元电路。EUB–240 型 B 超由模拟信号处理和图像形成两个部分组成，即预处理电路和数字扫描变换电路。

1. 预处理电路

预处理电路要解决以下几个问题：超声在传播过程中的衰减，即处在不同深度上的反射回波信号由于衰减量不同造成回波信号幅度差异很大，需要通过时间增益补偿电路来解决；工作频率越高，衰减越大，发射信号频谱的中心频率随探测深度增加而下移，需要采用动态滤波来解决；同距离上反射目标，由于反射系数不同造成反射回波信号幅度差异很大，要对回波信号进行对数压缩；反射回波中包含高频载波成分，需要用检波电路得到需要的反射回波幅度信息；对反射源的边界需要用勾边电路来突出，便于病灶的诊断和器官组织的测量。

（1）TGC 电路和 DF 电路（动态滤波电路）

1）TGC 电路。由于介质对超声波的散射和吸收作用，超声波在人体软组织中将随着深度的增加而逐渐减弱。如果不对远距离的回波给予一定的增益补偿，不同深度、相同声阻抗的界面在显示屏上将显示不同灰度。

时间增益补偿的原理实质上是要求动态地提供增益控制，TGC 电路提供一个随时间而变的，能跟踪所预期的回波信号控制电压，来控制放大器的增益。

2）DF 电路。动态滤波其实是一个频率可控的选频网络，从医学角度讲，就是通过动态滤波把有诊断价值的回波提取出来，滤除近场的过强低频成分和深部的高频干扰。

（2）对数放大器。实现超声图像的灰阶显示可以使所显示的图像层次更加丰富，而对射频回声信号实施对数压缩则是实现灰阶显示的基础，它是模拟图像处理的一项重要内容。对数放大器就是用于对信号实施对数压缩的一种非线性放大器，它在医用 B 超设备中得到了普遍的应用。

超声回波信号的动态范围可达 100 dB 以上，甚至可达 120 dB，而 TV 显像管显示的有效动态范围为 20 ~ 26 dB，与超声回波信号的动态范围差别较大。如果简单地将超声回波信号直接通过 TV 显示，不仅不能获得对原幅度的不同显示，还将在强信号时出现“孔阑”效应，以致强信号一片模糊，而弱信号星星点点，丢失有价值的信息。因此必须通过对数压缩来均衡这种差异。

（3）检波电路。检波电路将对数放大器输出的高频（3.5 MHz、5 MHz 等）回波信号变换为视频脉冲信号输出，以便于实施数字扫描变换处理和屏幕显示。简单的检波电路可以用单个或两个二极管来实现，由于导通二极管存在 0.6 V“死区”压降，会使小信号检波丢失、信号检波出现失真。因此，电路中作为检波器的两个检波二极管平时就提供 -0.6 V 的超始电平，使检波二极管导通电压趋于零，这样可防止信号的丢失和失真。

随着集成芯片技术的发展，现代超声设备中常采用包络检波器等成熟的集成电路，提高了电路的稳定性和可靠性。

（4）勾边电路。在图像处理技术中，“勾边”（边缘增强）是不可缺少的处理环节。为了突出图像的轮廓，使之便于识别和测量，常采用勾边电路，勾边方法有多种，如微分相加、积分相减等。

2. 数字扫描变换电路

DSC 是计算机技术和数字图像处理技术在 B 超中的成功应用，采用 DSC 技术后的 B 超，不仅能用标准电视的方式显示清晰的动态图像，而且具备强大的图像处理功能。

DSC 实质上就是一个带有图像存储器的数字计算机系统，但又不是以 CPU 为中心来安排系统的结构。图像存储器有单独的读写地址发生器，而与 CPU 不发生直接联系，当然它也受 CPU 控制。另外，各图像处理电路有并行的数据通路，加快了图像处理速度。如图 1-27 所示为 EUB-240 型 B 超 DSC 基本结构框图。

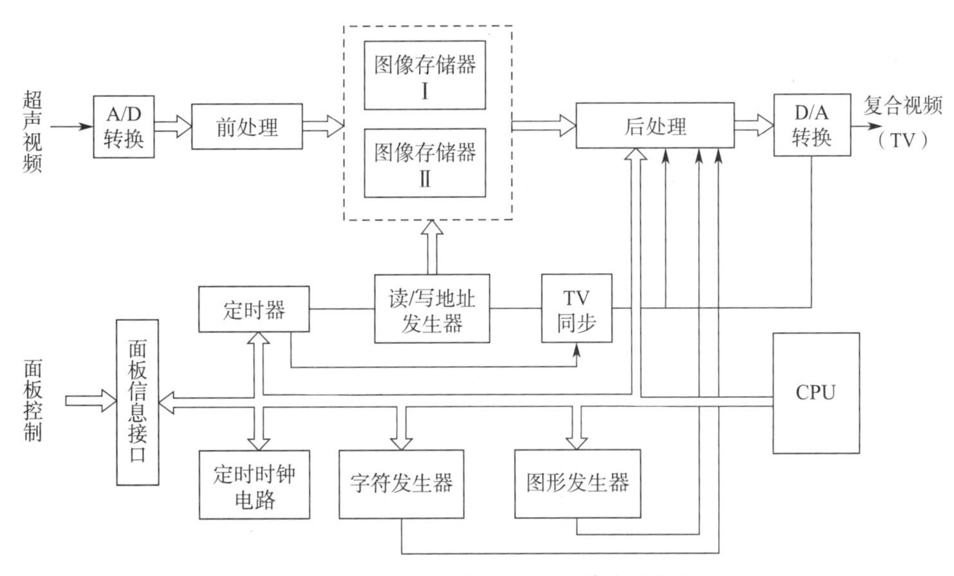

图 1-27　EUB-240 型 B 超 DSC 基本结构框图

（1）A/D 转换。要对超声视频模拟信号实施计算机图像处理，首先必须将模拟信号转换成数字信号，这一转换过程称为图像数字化。

（2）前处理。在 A/D 转换之后，在图像存储器之前的这一段处理称为图像的前处理。前处理不会改变 A/D 转换获得的各像素之间持有沿波束矢量方向的时间关系。EUB-240 型 B 超的前处理主要包括行相关处理和帧相关处理，设有缓冲存储电路、行相关电路、串 / 并变换电路和帧相关电路。

（3）图像存储器。图像存储器又称主存储器或帧存储器，是 DSC 的核心部件。图像存储器用于存储一帧或数帧超声图像数据，其单帧容量的大小取决于一帧扫描行信息线的数量以及对探测深度回波进行 A/D 变换的取样速率。其字长由像素灰阶而定，例如，字长为 4 bit 的像素有 24=16 级灰阶，字长为 8 bit 的像素有 28=256 级灰阶，等等。

图像存储器根据不同的需要，有不同的写入、读出方式：若要实时显示超声图像，可采用先写入、先读出的方式；若要将图像放大，可对写入的每一单元数据重复两次读出，使一次超声扫描获得的信息在荧光屏上相邻的两条扫描线上显示；若要将图像冻结，可停止存储器的写入，并对已存储的一帧图像数据重复不断地读出，则屏幕上显示一幅静止的图像。

（4）后处理。在图像存储器之后到 D/A 转换之前的这一段处理，可称为图像的后处理。后处理以提高图像清晰度、突出具有诊断价值的图像特征为目的。后处理的主要内容包括灰度修正、灰阶的扩展与压缩、伽马校正、直方均衡、电子放大、插行处理、灰阶标志生成、正 / 负像翻转等。

（5）全电视信号合成和 D/A 转换。为了适应 TV 显示，DSC 形成的数字信号要转换成模拟信号，即 D/A 转换。一个完整的超声电视信号不仅包含带有人体组织信息的回声信号，还包含灰阶标志信号、字符信号、同步信号 $\overline{\text{CSYNC}}$、消隐信号 $\overline{\text{CBLK}}$ 等。所以在进行 D/A 转换之前，先要进行全电视信号合成。

四、系统控制单元

超声诊断仪是一个较为复杂的电子测量仪器设备，要使各部分电路有条不紊地工作，必须对整机进行有序协调控制。

1. 作用

系统控制电路以 CPU 为中心，它根据初始化程序的约定以及来自面板和键盘的指令，发出各种控制信号，实现对全机的控制，并完成各种操作。在前面介绍的发射单元、接收单元、信号处理与图像形成单元的控制信号，都是由控制单元给出的。系统

控制电路的主要作用包括以下几点。

（1）产生电视同步和消隐信号，以支持实现超声图像的 TV 显示。

（2）产生发射和接收控制信号，控制超声波的发射和接收。

（3）控制图像数据的收集，即控制缓冲存储器和帧存储器的工作。

（4）控制产生各标志和字符数据。

（5）接收来自控制板和全键盘的键入信号，在内部程序的支持下，实现对整机工作状态的转换控制。

2. 系统控制脉冲信号

系统控制脉冲信号用于控制全机发射、接收、A/D 变换、数据存储等工作所需的各类触发与定时脉冲，常用的有以下几种脉冲。

（1）“Y TRIG”脉冲信号。“Y TRIG”脉冲信号用作与 Y 扫描同步工作的各电路的定时触发脉冲。超声发射对应电视屏幕上每一次垂直方向扫描的起点。因此，接收过程中的超声数据采样、帧相关工作的时机、缓冲存储器的数据写入等，都应与超声的发射同步。

（2）“DP”脉冲信号。“DP”脉冲信号用作发射激励的定时，其脉宽和周期随各探头工作频率和显示方式的变化而变化。

由于“DP”脉冲产生电路的工作受“Y TRIG”脉冲的同步，因此“DP”脉冲的周期也随不同的显示方式而变化，如当超声工作频率由 3.5 MHz 变为 5 MHz 时，“DP”脉冲的宽度由 192 μs 变为 144 μs。

由于“DP”脉冲在不同的超声频率和显示方式下有多种脉冲参数，因此电路的工作受多种控制信号的“管理”，分别为发射停止、系统时钟、垂直方向定时触发脉冲、CPU 的一组随超声工作频率而变的状态控制码等。

（3）“ADCK”脉冲信号。该电路产生对超声视频信号进行 A/D 变换所需的取样时钟“ADCK”，取样时钟“ADCK”的产生也受“Y TRIG”脉冲的同步。因此“ADCK”脉冲的周期和脉宽也将随系统显示方式的不同而变化。此外，“ADCK”脉冲的周期还与超声工作频率有关，为了保证图像不失真，超声工作频率越高，则要求采样频率越高。

（4）发射 / 接收控制信号。发射 / 接收控制信号用于控制发射和接收电路的工作状态，由于这些信号都是采用编程的方法产生的，所以称为发射 / 接收控制脉冲信号。该控制信号有控制产生 TGC、动态滤波、可变孔径、相关处理、探头码、聚焦码、显示图像倍率等。

（5）电视同步信号

1）$\overline{\text{CSYNC}}$：复合电视同步信号，用于 TV 显示时的行、场扫描同步。

2）$\overline{\text{CBLK}}$：复合电视消隐信号，用于 TV 显示时的行扫描消隐和场扫描消隐。

3）$\overline{\text{HR}}$、$\overline{\text{VR}}$：水平同步和垂直同步，用于控制灰阶信号产生的时机，即控制灰阶标志在屏幕的显示位置。

4）DOT：字符图形显示信号。

5）GY0-5：6 位显示灰阶条。

6）POS/NEG：正、负转换。

7）MEN：显示区域。

3. CPU 及其外围接口电路

CPU 是电子计算机的主要设备之一，是计算机中的核心配件。其功能主要是解释计算机指令以及处理计算机软件中的数据。CPU 作为系统控制电路的中心并不是独立进行工作的，它必须有外围电路（总线驱动器、程序只读内存、工作随机存储内存等）的支持。通俗地讲，CPU 外围电路分成两个重要的部分，即北桥芯片和南桥芯片。当 CPU 与作为外设的各控制电路“打交道”时，必须通过接口有序地进行，还必须备有接口电路和相应的译码电路。

（1）CPU。随着计算机技术及芯片技术的发展，超声仪器中使用的 CPU 从早期 4 位和 8 位低档微处理器发展成 32 位甚至 64 位高档微处理器，CPU 的工作分为 5 个阶段，即取指令阶段、指令译码阶段、执行指令阶段、访存取数阶段和结果写回阶段。

影响 CPU 性能的指标主要有 CPU 的主频、位数以及缓存指令集。CPU 的主频指的就是时钟频率，它直接决定了 CPU 的性能，因此要想 CPU 的性能得到提高，提高 CPU 的主频是一个很好的途径。CPU 的位数指的是处理器能够一次性计算的浮点数位数。通常情况下，CPU 的位数越高，CPU 进行运算的速度就会越快。CPU 的缓存指令集是存储在 CPU 内部的，主要是指能够对 CPU 的运算进行指导以及优化的硬程序。一般来讲，CPU 的缓存可以分为一级缓存、二级缓存和三级缓存，处理能力比较强的处理器一般具有较大的三级缓存。

（2）北桥芯片。北桥芯片是主板上离 CPU 最近的芯片，北桥负责与 CPU 通信，连接高速设备（内存、显卡等），并且与南桥通信。北桥芯片的数据处理量非常大，发热量也很大，因此北桥芯片一般都带有散热片用来散热，有些主板的北桥芯片还会配有风扇进行散热。

（3）南桥芯片。南桥芯片是主板芯片组的重要组成部分，一般位于主板上离 CPU 插槽较远的下方、PCI（周边元件扩展接口）的前面，即靠主机箱前的一面。南桥主要是负责 IO（输入和输出），与低速设备通信，并且与北桥通信。南桥芯片的发展方向主要是集成更多的功能。

学习单元 5

超声成像新技术

随着科学技术的进步，特别是计算机技术的飞速发展，超声成像设备取得了突破性的进展。近几年，出现了很多超声成像新技术，为医学研究提供了高质量影像信息。

一、三维超声成像技术

20 世纪 70 年代中期，人们开始探讨发展三维超声成像技术，自 20 世纪 80 年代后期开始，由于计算机技术的飞速发展，三维超声成像技术得到了实现。三维超声成像起初用于妇产科胎儿诊断，目前已用于心脏、脑、肾、前列腺、眼科、腹部肿瘤、动脉硬化等的诊断。从二维超声成像到三维超声成像是超声诊断设备技术的一次重大突破。

1. 三维超声成像技术的发展

（1）自由臂三维。其成像方式是利用二维探头对目标一个面一个面地进行扫查，获得多个二维图像信息，再将二维图像信息重建为三维立体影像。优点是无须特殊的探头，价格低廉；缺点是成像速度慢，图像质量差，临床应用价值不大。

（2）容积三维超声成像。其成像原理和自由臂三维成像原理相似，区别在于设计了专门的容积探头，提高了成像速度，可以瞬间重建，因此也称为准实时三维，但这不是真正意义的实时三维，它还是一个面一个面地进行扫查，然后进行三维重建，仍然需要一个重建的过程。其探头的内部有一个小电动机，带动晶片进行摆动，逐一扫过每一个面，通过计算机强大的数据采集和处理，重建成立体图像。目前，容积三维技术的应用比较广泛，但在心脏领域的检查存在局限，因为心脏是运动的脏器，通过重建方式来获得运动三维图像还有一些技术瓶颈。

（3）实时三维超声成像（四维）。实时三维超声成像矩阵探头的出现，彻底改变了三维超声成像的方式。其成像原理是通过探头发出呈矩阵排列的扫描线，一次采集得到容积体的成像信息，进而形成三维影像。主机接收的回波信号可以遍及三维的任意立体空间，覆盖的范围之内没有盲区，实时更新所覆盖范围内形态的变化。通过实时三维超声成像技术，可以得到心脏的立体结构，心腔内的结构可以非常直观地获得，有利于诊断和医学研究。但由于有肋骨的遮盖，探头大小及机器处理能力的限制，目前在成像的角度上还有限制，且成像的质量也有待提高。

2. 三维超声成像过程

（1）数据采集。三维数据采集是实现三维超声成像的第一步，也是确保三维超声成像质量的关键一步。根据三维超声成像技术的发展过程，数据采集可分为间接三维数据采集和直接三维数据采集。

1）间接三维数据采集。以二维超声技术为基础，三维数据的采集是借助已有的二维超声成像系统完成的。即在采集二维图像数据的同时，采集与该图像有关的位置信息，再将图像与位置信息同步存入计算机，利用计算机重建三维图像。

2）直接三维数据采集。保持超声探头完全不动，直接获得三维体积的数据，矩阵探头的出现实现了三维数据的直接获取。矩阵探头用电子学的方法控制超声束在三维空间的指向，形成三维空间的扫描束，进而获取三维空间内的回波数据，进行计算机处理后形成三维影像。

（2）三维重建。数据采集完毕后，进行三维重建。三维超声成像技术有立体几何构成法、表面轮廓提取法、体元模型法等。

1）立体几何构成法。将人体脏器假设为多个不同形态的几何组合，需要大量的几何原型，因而对于描述人体复杂结构的三维形态并不完全适合，现已很少应用。

2）表面轮廓提取法。将三维超声空间中一系列坐标点相互连接，形成若干简单直线来描述脏器的轮廓，曾用于心脏表面的三维重建。该技术所用计算机内存少，计算机运行速度较快。缺点是：需人工对脏器的组织结构勾边，既费时又受操作者主观因素的影响；只能重建左、右心腔结构，不能对心瓣膜、腱索等细小结构进行三维重建；不具灰阶特征，难以显示解剖细节。

3）体元模型法。体元模型法是目前最为理想的动态三维超声成像技术，可对结构

的所有组织信息进行重建。在体元模型法中，三维物体被划分成依次排列的小立方体，一个小立方体就是一个体元。一定数目的体元按相应的空间位置排列即可构成三维立体图像。体元模型法需要相当高精度和速度的计算机系统。有些三维重建软件为了加快运算速度，对原始数据进行隔行或隔双行抽样运算，采用模糊插值算法使图像更加平滑。

（3）三维影像可视化。三维影像可视化就是将三维重建的影像信息映射到二维平面显示的过程。各种可视化模式直接决定了三维超声图像的显示情况。实现三维超声图像的显示存在以下困难。

1）与计算机断层扫描（CT）或核磁共振（MRI）图像不同，超声图像中的辉度并不具有“密度”的意义，超声图像反映的是超声波在人体传播路径上声阻抗的变化。因此，在 CT 或 MRI 图像处理中的成功方法并不能简单沿用到超声图像的处理中。

2）原始二维数据的质量会直接影响图像显示的效果。由于超声图像中存在固有的噪声，图像的信噪较低，给图像的边缘检测与分割带来了困难。

3）在三维超声图像数据的采集过程中，很可能在相邻的二维平面中出现缝隙。如果不采用诸如空间插值的方法，存在的缝隙将直接影响显示的质量。为了克服上述困难，科研人员提出了不少有益的方法，如借助运动的血流信息来区分血管与软组织、用各种滤波的方法减小斑点噪声等。

（4）三维影像操作。临床医生对三维超声的认可在很大程度上与系统提供的用户界面有关。良好的人机交互应该能快速响应用户的命令，能保证用户非常方便地实现图像的旋转、大小与视角的变换，以便从一个最佳的角度来观察人体解剖结构，最好还能迅速地提取诊断中需要的各种参数。给临床医生提供一个能参与三维图像处理与显示过程的环境也是必要的，这样的环境可以让医生根据自己的经验不断优化图像的分割与显示，以确保临床诊断的准确性。

3. 三维超声影像优势

与二维超声影像相比，三维超声影像具有以下优势。

（1）图像显示直观。采集了人体结构的三维数据后，医生可通过人机交互方式实现图像的放大、旋转及剖切，从不同角度观察脏器的切面或整体。这将极大地帮助医生全面了解病情，提高疾病诊断的准确性。

（2）精确测量结构参数。心室容积、心内膜面积等是心血管疾病诊断的重要依据。在获得脏器的三维结构信息后，这些参数的精确测量就有了可靠的依据。

（3）准确定位病变组织。三维超声成像可以向医生提供肿瘤（尤其是腹部、肝、肾等器官）在体内的空间位置及其三维形态，从而为体外超声治疗和超声导向介入性治疗提供依据。这将有利于避免在治疗中损伤正常组织。

（4）缩短数据采集时间。成功的三维超声成像系统在很短时间里就可采集到足够的数据，并存入计算机。医生可以通过计算机存储的图像进行诊断，可以随时从不同的角度观察病变的组织和脏器。

三维超声技术的发展得益于计算机和相关领域技术的快速发展。新的算法研究将进一步提高重建速度和图像质量，为检查和诊断提供更准确的依据。

二、谐波成像技术

谐波成像技术是近几年发展起来的新技术，是非线性声学在超声诊断中的应用。传统的超声影像设备是接收和发射频率相同的回波信号成像，称为基波成像。基波成像采用线性声学原理，即认为人体是一种线性的传播介质，发射某一频率的声波时，从人体内部反射或散射并被探头接收的回声信号也是该频率附近的窄带信号。实际上，超声波在人体传播过程中表现出明显的非线性，回波信号受到人体组织的非线性调制后产生基波的二次三次等高次谐波，其中二次谐波幅值最强，用回波的二次等高次谐波成像的方法称为谐波成像。谐波成像的优点主要有以下两点。

1. 具有较好的对比解析度

在超声影像中，低旁瓣代表高对比解析度，谐波信号可以在成像时提供较低的旁瓣强度，如图 1-28 所示，而且不管声波传播经过的是否为均匀介质，都可以观察到同样的现象。因此谐波影像比基波影像有更好的对比解析度，可以为医生提供更明确的诊断信息。

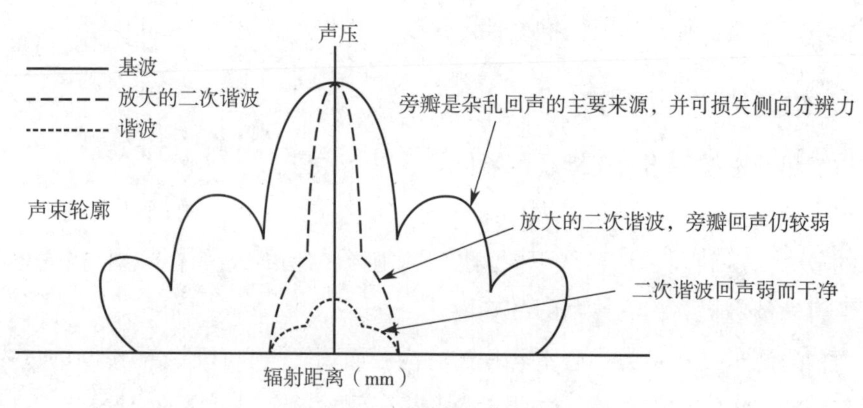

图 1-28　基波、二次谐波声束比较示意图

2. 有效抑制伪像，提高影像质量

超声影像中大部分伪像来源于腹壁或接近于腹壁的反射和散射信号，由于超声波传播的初期谐波能量较低，决定了这些信号中含有极少的谐波能量，如果利用谐波成像，大部分近场伪像将被消除。另外，弱的基波几乎不产生谐振能量，对消除伪像有一定的作用。

相关链接

基波成像的缺陷

1. 频率依赖性衰减

远场图像质量随频率增高而下降。

2. 旁瓣伪像

主声束成像的同时，旁瓣也形成图像，即伪像。

3. 杂波簇

近场声强变化较大，引起多重反射，使近场图像质量受到影响。

三、介入性超声成像技术

介入性超声成像在超声显像基础上，应用超声显像仪通过侵入式方法达到诊断和治疗的目的，可在实时超声引导下，完成各种穿刺活检、X 线造影、抽吸、插管、局部注射药物等。伴随着各种导管、穿刺针、活检针及活检技术的不断改进和发展，将介入性超声学推向了“影像和病理相结合，诊断与治疗相结合”的新阶段，在促进现代临床医学发展中，发挥了不可替代的重要作用。

四、超声弹性成像技术

超声弹性成像是以弹性物理特征作为成像因素而形成的影像。由于组织的弹性模量分布与病灶的生物学特性密切相关，传统的 CT、MRI 及常规超声扫查无法直观地展示组织弹性模量这一基本力学属性的特征；而利用超声弹性成像可以定量估计弹性模量的分布，并且将之转化成可视图像，因此成为医学超声成像的关注热点。

1. 超声弹性成像研究

（1）超声弹性成像的定义和原理。超声弹性成像是对组织施加一个内部或外部的动态、静态、准静态激励，在弹性力学、生物力学等物理规律作用下，组织将产生一个响应，如位移、应变等的分布，将有一定差异。利用超声设备沿着探头的轴向压缩组织，收集被测单位时间段内的各个 RF（射频）信号片段，然后利用复合互相关方法对压迫前后反射的回波信号进行分析，估算组织内部不同位置的位移，即提取位移场信息，计算变形程度，再代入本构关系公式中计算材料的参量信息，以彩色编码成像，相互比较，故名为“超声弹性成像”。当组织被轴向压缩时，组织内所有点上都会产生一个被压缩方向的应变，当组织内部弹性系数分布不均匀时，组织内的应变分布也会相应有所差异。弹性系数较小的区域，对应的应变较大；弹性系数较大的区域，对应的应变较小。通过互相关技术对压缩前后 RF 信号进行延时估计，可以计算得到位移场信息，也可以得到组织内部的应变分布情况，早期的弹性成像是利用直接转换应变信息技术来区分肿瘤性质的。恶性肿瘤弹性影像的面积一般比灰阶超声大，而良性病变弹性影像面积往往比灰阶超声小或与其相近；另外，恶性病灶在弹力图上更硬或者更暗。

近年发展的实时超声弹性成像将受压前后回声信号移动幅度的变化转化为实时彩色图像。弹性系数小的组织受压后位移变化大，显示为红色；弹性系数大的组织受压后位移变化小，显示为蓝色；弹性系数中等的组织显示为绿色，以色彩对不同组织的弹性编码来反映组织硬度。一些研究结果表明，实时组织超声成像能较有效地分辨不同硬度的物体，但所反映的并不是被测体的硬度绝对值，而是与周围组织相比较的硬度相对值。

（2）弹性图的建立。传统声像图通过组织回波信息表达组织相应的解剖结构情况，弹性图与组织的局部应变、杨氏模量及泊松比有关，通过组织的弹性特征反映出组织质地变化。弹性图的建立一般需要三步。

1）计算组织应变量、杨氏模量、泊松比等。

2）逆运算。

3）图像重建。通常，弹性系数的大小以明暗不同的灰度图或不同的彩色图来表示，从而显示出病变组织与周围组织的区别以及与周边的关系。

2. 超声弹性成像方法

弹性成像反映的是关于内部组织弹性特征的新信息。弹性成像的基本原理是当一定的外力作用于组织时，因应力而产生的应变是局部力学参数的函数，即分别采集组织压缩前后的射频信号，利用在时间延迟估计中应用非常广泛的互相关分析方法对信

号进行分析，得到组织内部的应变分布。已应用的成像方法主要有以下两种。

（1）施以动态应力。对被试验组织从外部施以低频振动（20～1 000 Hz）来激发组织内部的振动，被周围软组织包绕的硬而不均质的组织在正常振动特征的模式里产生干扰，应用多普勒探测计算程序形成实时振动图像。

（2）施以静态应力。对弹性组织施加一定的静态或半静态应力，利用一定的方法对加压前后的回波信号进行分析，从而得出沿换能器轴方向组织内的应变剖面图。

无论是静态应力还是动态应力，对于均质各向同性的弹性体都有一定的应变常数，但是当组织内部弹性分布不均匀时，其应变分布也会有变化。测量换能器表面所接触的应力范围并校正组织内非均匀应力范围，在得到应力和应变范围后，计算组织的弹性模量剖面，将这些信息重建后显示为弹性图。

3. 超声弹性成像相关技术

（1）压迫性弹性成像。压迫性弹性成像技术是通过操作者手法加压，然后对组织受压前后的变化进行比较，得到相关的压力图。某公司研发的超声弹性成像设备利用这一方法，以彩色多普勒成像仪为基础，在其内部设置可供调节的弹性成像感兴趣区域（ROI），对加压过程中 ROI 内部组织与周围组织之间的弹性差异进行比较，进而得到压力差异图像。

（2）间歇性弹性成像。间歇性弹性成像的原理是利用一个低频的间歇振动，使组织发生位移，利用该方法获得 ROI 中不同弹性系数组织的相对硬度图。超声瞬时弹性成像就是利用该项技术，主要用于肝纤维化诊断、肝疾病发展监测及治疗效果评价。

（3）振动性弹性成像。振动性弹性成像又称为超声激发振动声谱成像，其利用低频振动作用于组织并在组织内部传播，把振动图像用实时多普勒声像图表现出来。该技术是一种全新的弹性成像技术，目前仅用于离体组织的实验性研究，未来可能在肿瘤的早期检测、肿瘤的热治疗和高能聚焦超声治疗过程的监测中发挥积极的作用。

4. 超声弹性成像技术应用

不同的组织有不同的弹性，同一组织不同的病变时期也有不同的弹性。基于这种差异，超声探头沿着压缩方向发射超声波同时施压（根据情况在体表上加压迫板），系统根据压迫前后回声信号移动幅度的变化，计算出不同组织的弹性差别，进而进行灰度或伪彩色显示。

这项技术对于癌症的早期诊断，病变的良恶性判断，癌变扩散区域的确定，肿瘤放疗、化疗、治疗效果的确认有着临床意义，特别是在对乳腺肿瘤的鉴定上有突出的效果。

五、全数字化技术

1. 全数字化技术概述

全数字化技术保证了超声诊断设备图像更清晰、更准确，分辨率更高，大大提高了超声诊断的准确率，直接决定着超声诊断设备的整体质量。在一定程度上可解决带宽、噪声、动态范围、暂态特性之间的矛盾，降低随机噪声，使超声成像系统具有更高的可靠性和稳定性。

从分析成像原理的角度出发，可以把 B 超分成发射单元、接收单元、信号处理与图像形成单元和系统控制单元等。从生产制造的角度出发，可以把 B 超分成前端、信号处理和后端，如图 1–29 所示。

波束合成称为 B 超的前端，扫描变换称为 B 超的后端。B 超的后端总是数字化的，即数字扫描变换（DSC），而 B 超的前端最初是模拟前端（如前面分析的 EUB–240 型 B 超）。当 B 超具有一个数字前端的时候，它的信号处理部分是数字信号处理，而扫描变换本来就是数字化的，因此这样的 B 超称为全数字 B 超，如图 1–30 所示。

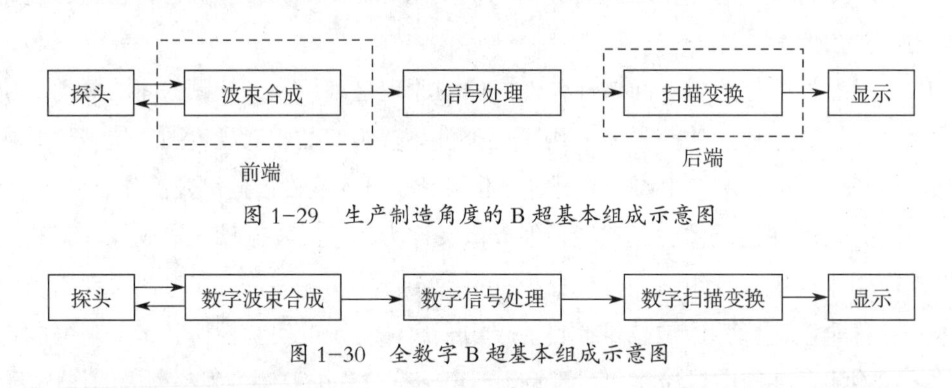

图 1–29　生产制造角度的 B 超基本组成示意图

图 1–30　全数字 B 超基本组成示意图

2. 全数字化关键技术

（1）数字波束形成。数字波束形成关键是波束合成，波束合成简单地说就是延时求和。延时是控制声束方向和聚焦的需要，是 B 超前端的精髓。延时精度是 B 超最重要的指标之一，是图像质量的核心要素。延时的复杂性在接收动态聚焦的场合变得尤为突出，这时延时要随着接收深度的增加而实时动态改变。延时的方法可分为模拟延时与数字延时。模拟延时一般采用抽头延迟线的器件，延时精度、可控性、可靠性都有限，在通道数较多且动态接收聚焦的情况下，尤为突出。数字延时的性能在很大程度上依赖于数字器件的速度和集成度，随着数字器件速度和规模的提高，数字延时有模拟延时无可比拟的优势。

（2）数字信号处理。全数字 B 超数字信号处理的核心内容是检波，用于完成这个任务的电路称为检波器。

最简单的检波器就是二极管，如 EUB-240 型 B 超所用的检波电路。目前，集成射频检波器已得到了广泛的应用，具有较高的灵敏度和稳定性。

全数字 B 超数字信号处理一般采用的检波器分为包络检波器和同步检波器。前者的输出信号与输入信号包络成对应关系，主要用于标准调幅信号的解调。后者实际上是一个模拟相乘器，为了得到解调作用，需要另外加入一个与输入信号载波完全一致的振荡信号（相干信号）。

六、超声多普勒成像技术

超声多普勒成像是利用多普勒效应，结合声学、电子技术制成的超声成像技术。它能够无损伤性地检出运动器官、组织的运动情况，因此广泛应用于血管、心脏、血流、胎儿心率等的检测。

1. 多普勒效应

当声源、接收器、介质之间存在相对运动时，接收器收到的超声频率与超声源的频率之间产生差异，这种现象称为多普勒效应，其变化的频差称为多普勒频移。

2. 应用多普勒效应测定血流速度的基本原理

两块平行并列放置的压电晶体，一块作为发射换能器，另一块作为接收换能器。发射换能器发射超声波，入射到血管内运动着的血液颗粒（红细胞）上，经过血液颗粒散射后被接收换能器接收。

在医学超声诊断中，换能器（包括收、发换能器）通常静止不动，主要是介质运动。当超声波入射到血管内的血液颗粒时，由于血液颗粒的运动，此时出现第一次多普勒频移现象；被血液颗粒散射的超声波返回到接收器时，由于散射体的血液颗粒相当于超声波的声源，处于运动状态，于是出现第二次多普勒频移现象。

为计算方便，做两点假设：假定血液颗粒向着发射器和接收器运动的速度为 V；假定超声的入射线和散射线对于血液流动方向的倾角相同，均为 θ。f_R 是接收频率，f_S 是发射频率，则：

$$f_R=\frac{c+V\cos\theta}{c-V\cos\theta}f_S$$

多普勒频移 f_D 为：

$$f_D=f_R-f_S=\frac{2V\cos\theta}{c-V\cos\theta}f_S\approx\frac{2V\cos\theta}{c}f_S$$

上式表明，多普勒频移与血液颗粒的流动速度 V 有关。只要测得多普勒频移就可以求得相应的血液流动速度，这是多普勒技术测量血流的基本公式。通过测量接收信号的多普勒频移，可以估算出人体内运动组织或血流的速度，从而达到非侵入式检测体内生理状况的目的。

3. 多普勒频移信号的显示

多普勒频移信号的显示有多种方法，这里主要介绍频谱显示和彩色显示。

（1）频谱显示。频谱显示即频率 – 时间显示，如图 1–31 所示。其主要包含以下信息。

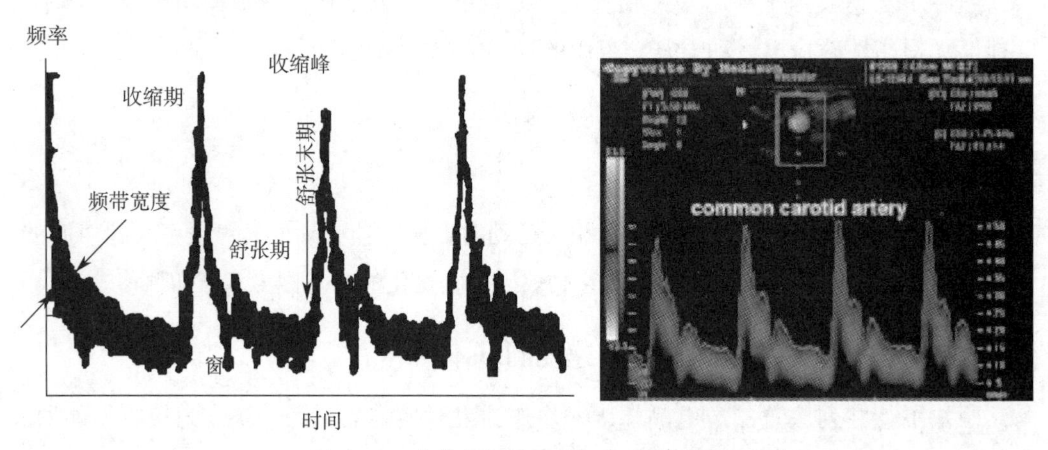

图 1–31　多普勒频移信号频率 – 时间显示

1）频移时间。显示血流持续的时间，以横坐标的数值表示，单位为 s。

2）频移差值。显示血流速度，以纵坐标的数值表示，代表血流速度的大小，单位为 m/s 或 kHz。

3）频移方向。显示血流方向，以频谱中间的零位基线加以区分。基线以上的频移信号为正值，表示血流方向朝向探头；基线以下的频移信号为负值，表示血流方向背离探头。

4）频谱强度。显示采样区内同速红细胞的数量，以频谱的亮度表示。速度相同的红细胞数量越多，回波信号的强度越大，频谱的灰阶越高；速度相同的红细胞数量越少，回波信号的强度越低，频谱的灰阶越低。

5）频谱离散度。显示血流性质，以频谱在垂直距离上的宽度加以表示，代表某一瞬间采样区内红细胞速度分布范围的大小。若速度分布范围大，则频谱增宽；若速度

分布范围小，则频谱变窄。层流状态时，平坦形速度分布的速度梯度小，呈空窗型，故频谱较窄；抛物线形速度分布的速度梯度大，故频谱较宽；湍流状态时，速度梯度更大，频谱更宽。当频谱增宽至整个频谱高度时，称为频谱充填。

频谱显示实际上是多普勒信号振幅、频率和时间三者之间的关系显示，准确显示了多普勒信号的全部信息，是反映取样部位血流动力学变化的较为理想的方法。在显示屏上，上方常显示 M 型（监视采样区位置），占显示屏的 30%；中间是多普勒频谱，占显示屏的 60%；下方为心电图，占显示屏的 10%。另外，左方是频谱记录时的各种条件，有最大采样深度、最大显示频率、每格频移值、壁滤波值、动态范围、探头频率等。M 型、频谱和心电图在各个心动周期都是对应的，便于比较。

（2）彩色显示。在 B 型或 M 型超声图基础上，用不同的色彩表示血流方向及其相对速度等动态信息。红血球的动态信息主要由速度、方向和分散三个因素组成。常用红色和蓝色表示血流方向，朝向探头运动的红血球用红色表示，背离探头运动的红血球用蓝色表示；用显示的亮度来表示速度的快慢，即流速越快的血流色彩越明亮，反之越暗淡；用绿色表示分散（血流的紊乱情况），即血流为层流时色彩变化小，乱流时色彩变化大。

如图 1–32 所示为多普勒频移信号彩色显示原理图。应当注意的是，即使是同一血流，由于探头所放位置不同，有时用红色表示，有时用蓝色表示。

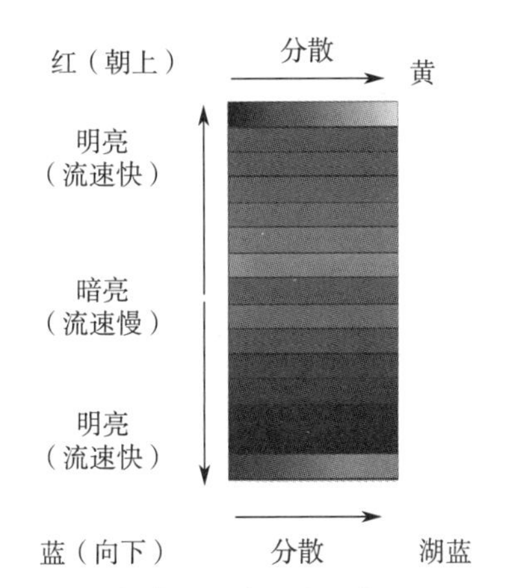

图 1–32　多普勒频移信号彩色显示原理图

培训任务 2

超声诊断仪安装与使用

学习单元 1

安装前准备

超声诊断仪的安装对比其他影像设备来讲相对简单，设备的安装应由专业人员进行，医院应做好前期准备工作。

一是环境的准备。超声设备应安装在远离高磁场、高电场的场所，该场所应具备适宜的环境温度和相对隔离的检查空间（保证被检查者的隐私）。设备在室内应远离窗户，避免阳光直接照射。

二是电力系统的准备。根据设备的功率要求和电力控制要求做好相应的准备工作。特别要注意的是在电压不稳定和经常突然停电的地区，应配备相应功率的稳压电源和不间断电源。

一、货物清点与验收

1. 整箱货物清点与验收

收到货物时，先进行整箱到货清点与验收，内容有：清点箱数并对包装箱外包装进行检查；注意倒装标志、振动标志是否变红；注意包装是否完好、是否有破损、是否有湿痕和打开的痕迹。

验收时，如果出现以上情况，都要保留照片并在运输单上进行记录，并记录车牌号码，由该次运输的人员核实后签字。由于货物质量与安全是由运输公司、保险公司和供应商共同负责的，所以出现问题时，应当及时通知三方。如有必要，应要求相关负责人到达现场。

2. 开箱货物清点与验收

（1）按照合同和装箱单清点货物。

（2）按照安装手册安装。

（3）清点探头编号和序号。

（4）清点使用手册、维修手册等。

（5）如果是配有相控阵探头和连续波（CW）多普勒功能的仪器，要在通电后进行这一功能的试操作。

（6）对每支探头都要进行测试，测试所有功能和软件。

（7）验货过程中出现的装箱单以外的配件，及时联系供应商或厂家，供应商或厂家收回时，应要求其做出证明。

二、电气安全

电能在生活、生产中被广泛应用，超声诊断仪也是通过电能进行工作的，在操作使用的过程中，如果安全用电意识不强，就很容易发生触电、火灾、爆炸等电气事故，危及生命。

1. 电气安全基础知识

（1）触电对人体的伤害。人的心脏每收缩一次，中间约有 0.1 s 的间歇。如果电流在这一瞬间通过心脏，即使电流很小（几十毫安），也会引起心脏震颤，如果电流持续时间超过 1 s，就会造成极大危害。电流通过心脏会造成心脏功能紊乱，破坏原有的收缩、扩张节奏，严重时造成心力衰竭、血液循环终止而死亡；电流通过中枢神经（脑部和脊髓），可使呼吸停止；电流的热效应会造成电灼伤；电流的化学效应会造成电烙伤和皮肤金属化；电磁场的能量还会产生辐射。按照通过人体的电流大小及呈现的不同反应，将电流分为以下 4 种。

1）感知电流。感知电流是指引起人体感觉但无有害生理反应的最小电流。

2）反应电流。反应电流是指通过人体能引起肌肉不自觉收缩的最小电流值，通用值为 0.5 mA。

3）摆脱电流。摆脱电流是指触电后能自主摆脱电源而无病理性的最大电流，成人为 10 mA，这是人体的安全电流。

4）致命电流。致命电流是指引起心室颤动而危及生命的最小电流，成人一般为 50 mA。

（2）安全电压。安全电压是一项防止触电伤亡事故的技术措施。

1）安全电压规定。安全电压以通过人体的电流（不超过安全电流）与人体电阻（人体电阻与导电途径、皮肤状态、接触面积、接触压力有关）的乘积为依据，这是个不确定的值。

2）一般性规定。在干燥的情况下，安全电压为 36 V；在隧道或潮湿场所，人体皮肤受潮，同时电气设备的金属外壳和能导电的构造物表面结露，规定安全电压为 12 V。在游泳池或设有电路的水槽内，规定安全电压为 6 V。《特低电压（ELV）限值》（GB/T 3805—2008）规定：在干燥的情况下，特低电压极限值为 33 V；在潮湿场所，特低电压极限值为 16 V。

（3）电气安全检测对象分类

1）按供电方式分类

①外部电源供电设备。外部电源供电设备常分为 I 类设备和Ⅱ类设备。I 类设备对电击的防护不仅依靠基本绝缘，还有附加安全保护装置，把设备与供电装置的保护地线连接起来，使可触及的金属部件即使在基本绝缘失效时也不会带电。Ⅱ类设备不仅依靠基本绝缘，还有双重绝缘或加强绝缘的安全保护措施，但没有保护接地措施，不依赖于安装条件。

②内部电源供电设备。

2）按电击防护程度分类

①B 型。应用部分没有隔离，对电击有特定防护的设备。一般是指没有应用部分的设备；或有应用部分，但应用部分与接触者无电气连接的设备；或有电气连接，但不直接应用于心脏的设备。超声诊断仪、电子血压计等属于 B 型设备。

②BF 型。具有浮地（即该电路的地与大地无导体连接）隔离应用部分的 B 型设备，可用于患者体外或体内，但不能直接用于心脏。

③CF 型。对电击的防护特别是在允许泄漏电流值方面高于 BF 型，并且有 F 型应用部分的设备，可作用于心脏。心电图机、心电监护设备等属于 CF 型设备。

说明：F 代表隔离，F 型应用部分具有更高的保护要求（泄漏电流）；B 代表身体；C 代表心脏。

2. 相关国家与行业标准

（1）《医用电气设备　第 1 部分：安全通用要求》（GB 9706.1—2007）。本标准适用于医用电气设备的安全问题，也包括一些与安全有关的可靠运行要求。本标准的目的是规定医用电气设备安全通用要求，并作为医用电气设备安全专用要求的基础。

（2）《医用电气设备　第2-37部分：超声诊断和监护设备安全专用要求》（GB 9706.9—2008）。本标准规定了超声诊断设备（包括与治疗装置连接在一起、使用超声对人体组织成像的设备在内）的专用安全要求，不包括超声治疗设备。本专用标准规定了超声诊断设备除通用标准之外附加的安全要求。

3. 电气安全检测

对医疗设备进行电气安全检测是最基本的防电击手段。电气安全检测项目包括两大类：一是对配电系统进行检测，主要包括电压（线电压、相电压）和电阻（接地电阻、绝缘电阻）的测量；二是对医用电气设备的电安全性检测，主要包括泄漏电流、接地电阻、绝缘电阻的测量。

（1）泄漏电流。泄漏电流的产生原因主要有电容泄漏电流（如电线间、电线与金属外壳间分布电容所致）和电阻泄漏电流（如绝缘材料失效、导线破损等所致）。泄漏电流分以下三类。

1）接地泄漏电流。接地泄漏电流是指由电源网络产生的泄漏电流穿过或跨过绝缘层并流入保护接地导线的电流，如图2-1所示，属于危险性较小的泄漏电流。

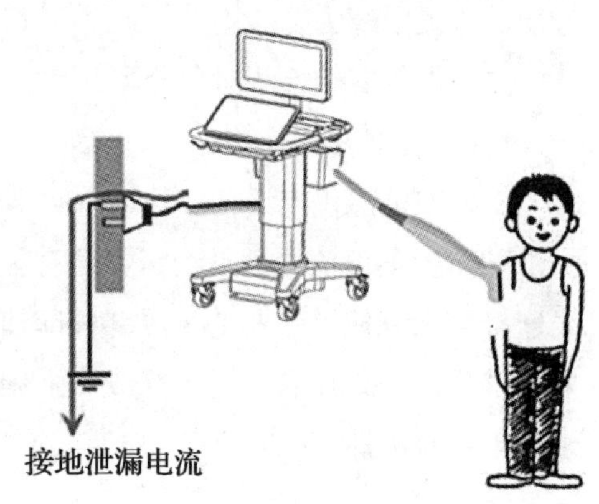

图2-1　接地泄漏电流示意图

2）外壳泄漏电流。外壳泄漏电流是指从正常使用时操作者或接触者可触及的外壳或外壳部件，经外部导电连接而不是保护接地导线流入大地或外壳其他部件（应用部分除外）的电流，如图2-2所示，属于危险的泄漏电流。

图2-2　外壳泄漏电流示意图

3）接触者泄漏电流。接触者泄漏电流是指从应用部分经接触者流入的电流，或是由于接触者身上意外地出现一个来自外部电源的电压而从接触者经 F 型应用部分流入大地的电流。接触者泄漏电流常出现以下三种情况。

①从应用部分经接触者流入大地的泄漏电流，如图 2–3 所示。

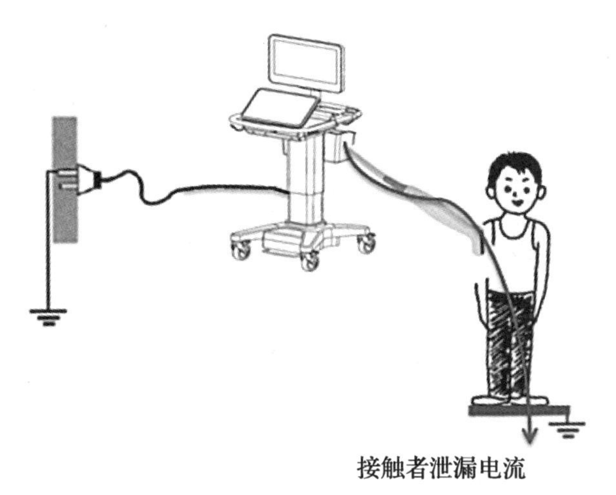

图 2–3　接触者泄漏电流示意图 1

②与检测中设备的信号输入或输出部分相连的设备产生故障，导致在设备的信号输入或输出部分出现一个来自外部电源的电压而从 F 型应用部分经接触者流入大地的泄漏电流，如图 2–4 所示，属于危险的泄漏电流。

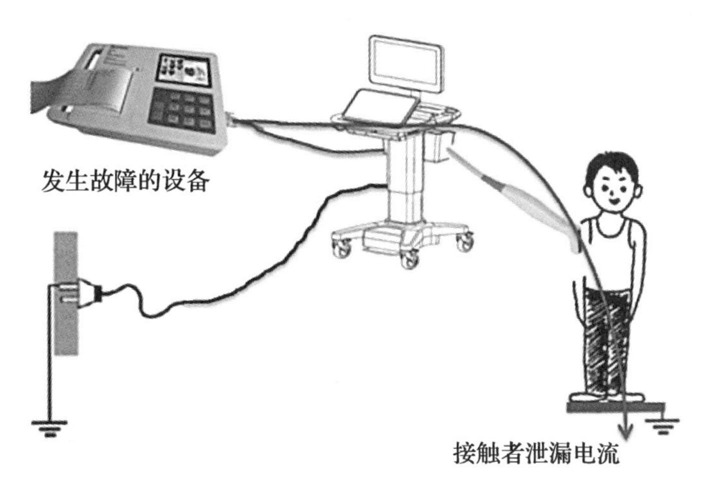

图 2–4　接触者泄漏电流示意图 2

③由于在接触者身上意外地出现一个来自外部电源的电压而从接触者经 F 型应用部分流入大地的泄漏电流，如图 2–5 所示，该类泄漏电流发生的可能性很小。

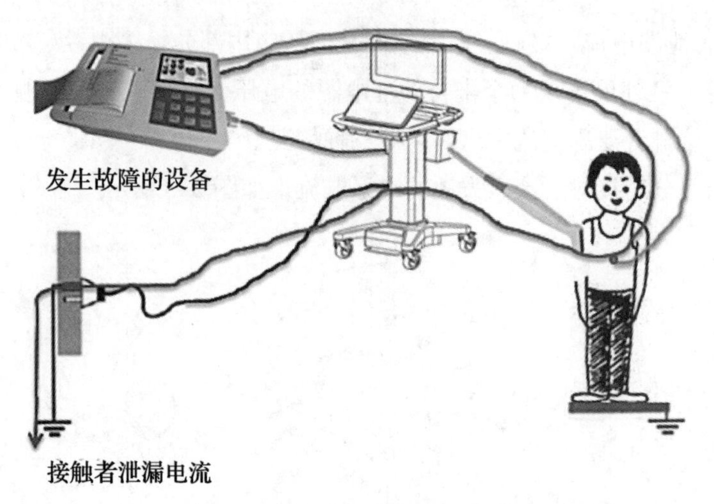

图 2-5 接触者泄漏电流示意图 3

相关链接

正常使用时，流入处于应用部分之间的接触者电流，如图 2-6 所示。该电流一般不产生生理效应。

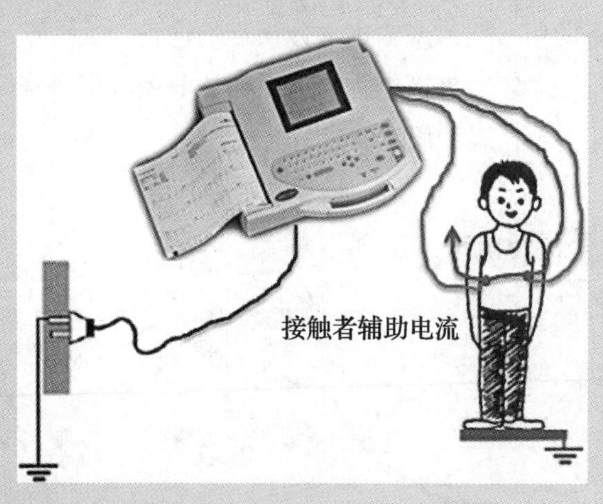

图 2-6 接触者辅助电流示意图

（2）接地电阻。接地电阻是电流由接地装置流入大地再经大地流向另一接地体或向远处扩散所遇到的电阻。接地电阻值体现了电气装置与“大地”接触的良好程度，是用来衡量接地状态是否良好的一个重要参数。

（3）绝缘电阻。绝缘电阻是绝缘物在规定条件下的直流电阻。绝缘电阻是电气设备和电气线路最基本的绝缘指标。对于低压电气装置的交接试验，常温下电动机、配电设备和配电线路的绝缘电阻不应低于 0.5 MΩ（对于运行中的设备和线路，绝缘电阻

不应低于 1 MΩ）。低压电器及其连接电缆和二次回路的绝缘电阻一般不应低于 1 MΩ；在比较潮湿的环境下不应低于 0.5 MΩ；二次回路小母线的绝缘电阻不应低于 10 MΩ。

操作技能

超声诊断仪泄漏电流检测

操作准备

准备超声诊断仪、超声探头、电气安全分析仪（简称“分析仪”）等。

操作步骤

步骤 1 将分析仪的一支表笔接在被检设备的外壳或接地端，另一支表笔接于导电板上。

步骤 2 将被检设备的探头辐射面置于导电板上有导电膏的部位。

步骤 3 接通被检设备电源，读取分析仪示值。

步骤 4 改变电源极性，重新读取示值。以两次示值中的较大者作为被检设备的泄漏电流。

步骤 5 结果判定（标准规定泄漏电流应 <100 μA）。

注意事项

1. 按照步骤规范操作，注意每个步骤的细节。
2. 每次测量都必须切换极性开关，读取最大的测量值。
3. 电气安全检测前要做好必要的防护措施，避免出现安全事故。

超声诊断仪接地电阻检测

操作准备

准备超声诊断仪、超声探头、电气安全分析仪等。

操作步骤

步骤 1 按分析仪的使用说明书要求，调整分析仪处于接地电阻待测状态。

步骤 2 对分析仪进行相关设定，如报警电阻值、恒定电流值（取 25 A 或 1.5 倍于设备额定值中较大的一个电流（±10%））等。

步骤 3 分析仪应放在平稳、牢固的地方，且远离大的外电流导体和外磁场。测量时还要注意正确接线，以免引起不必要的误差甚至错误。

步骤 4 重复前面的测试步骤，记录多次测量数据。

步骤 5 结果判定，符合 GB 9706.1—2007 中规定的要求判为合格。

注意事项

1. 测量前必须将被测设备电源切断，并对地短路放电，决不允许被检设备带电进行测量，以保证人身和设备的安全。

2. 测量导线与管道的连接比较适合采用磁性接头或者夹子，而且连接点必须清除锈迹。

超声诊断仪绝缘电阻检测

操作准备

准备超声诊断仪、超声探头、电气安全分析仪等。

操作步骤

步骤 1 按分析仪的使用说明书要求，调整分析仪处于绝缘电阻待测状态。

步骤 2 将分析仪的测试夹或测试头分别与被检设备的保护接地端子（或插口中的保护接地点或网电源插头中的保护接地脚）和被检设备的已保护接地的可触及金属部件连接。

步骤 3 设置分析仪的相关设定，如报警电阻值、恒定电流值（取 25 A 或 1.5 倍于设备额定值中较大的一个电流）等。

步骤 4 启动分析仪测试程序，开始检测。

步骤 5 记录测试结果，建议格式为“部位－阻抗（电流）”，如“设备底板螺钉－0.056 Ω（24.66 A）”。

步骤 6 重复前面的测试步骤，测量被测设备的其他已保护接地的可触及金属部件的保护接地阻抗。

步骤 7 结果判定，符合 GB 9706.1—2007 中规定的要求判为合格。

注意事项

1. 分析仪的输出线连接必须牢固，以减少接触电阻。必要时用分析仪自校输出线的阻抗，重新设定分析仪的零位，或在实测值中减去其阻抗。

2. 分析仪的测试夹或测试头与被测的有关金属部件接触应良好。

3. 测试过程中，如显示的电流值偏差较大，可以对被检设备进行调整。

4. 漆层、珐琅层、氧化层和类似的防护层，不能看作是能防止与带电部件接触的防护外壳，应做适当处理后再测试。

学习单元 2

安装步骤与注意事项

一、基本步骤

B 超安装前应认真核对设备品名与合同是否一致。拆箱时应有能代表设备供应商或厂家的人员在场，应按照装箱单认真核对设备的每一部件，尤其是一些专用工具、专用软件、测试体模等。确认部件无误方可进行设备安装。

1. 由下而上

一般 B 超安放在可移动机架上，安装时应首先装配好移动机架，紧固并调整好各机械部件，然后把超声主机摆放在机架的合适位置并加以固定。

2. 先信号后电源

安装接线时先连接信号电缆，如探测器电缆、输入输出设备电缆等。这些电缆都有与其连接部分的固定方法，在确认连接无误后一定要加以固定。最后接入主电源和其他附属设备电源。

3. 核查

核查所有连线，确认无误后把设备安放在指定位置，这时一定要锁紧移动机架的脚轮。

二、注意事项

1. 安装环境准备

在具备合格温湿度条件的房间，包装箱提前静置 24 h 以上，避免因水汽导致电路板上电子元件管脚之间短路。

2. 电源准备

正确连接所有接线，如果首次使用该交流电源，要用万用表测量电源电压，确保输入与输出电压正常；另外，交流电源应预热 5 min。如果供电不能满足仪器用电要求，可选用安装交流净化稳压电源。交流净化稳压电源应距离设备 1 m 以上，交流电产生的磁场对设备正常运行有干扰，图像可能会闪烁。

3. 配置 UPS（不间断）电源

UPS 电源可应对突然停电。UPS 电源应当选用在线式正弦波而非方波或后备式的，因为非正弦波 UPS 有多次谐波干扰，会对超声多普勒频率产生干扰。

4. 避免高频干扰

房间内不能有高频电子设备，如交换机、离心机等，尤其注意手机充电器也会造成干扰。

5. 建立数据库

存储仪器相关数据并为仪器建立相应资料档案，包括使用手册、维修手册、合格证、验收报告、安装报告、合同和维修报告等。根据所建立的数据库，可实现仪器设备实时管理和分析，为仪器的经济核算做好准备。通过对公司和产品进行效益和性价对比，并且对服务进行综合评价，为找到最优供应商提供准确的数据。

操作技能

超声诊断仪的安装

操作准备

准备超声诊断仪、超声探头、电工工具、安装手册等。

操作步骤

步骤 1 根据安装手册完成主机和附件的机械部分安装。

步骤 2 根据安装手册完成主机和附件的电气部分安装。

注意事项

1. 安装前仔细阅读安装手册，熟悉安装流程。
2. 安装时要认真细心，不可出现蛮力安装、损坏仪器等现象。

配件与附件

一、探头

探头是超声诊断仪最重要的配件，一般一台超声诊断仪根据临床不同需求，会配备多个探头。

1. 种类及特点

（1）种类

1）常用超声探头

①按诊断部位分类，有眼科探头、心脏探头、腹部探头、颅脑探头、腔内探头等。

②按应用方式分类，有体外探头和体内探头。

③按探头中换能器所用振元数目分类，有单元探头和多元探头。

④按波束控制方式分类，有线阵探头、凸阵探头、相控阵探头、机械扇扫探头等。

⑤按探头的几何形状分类，有矩形探头、环形探头、圆形探头等。

2）特殊超声探头。特殊超声探头有穿刺探头、术中探头、实时三维探头、经食道探头等。

一般情况下，工作中习惯使用的是按照诊断部位分类、波束控制方式分类及探头的几何形状分类。如图 2–7 所示是常用超声探头外观图，如图 2–8 所示是特殊超声探头外观图。

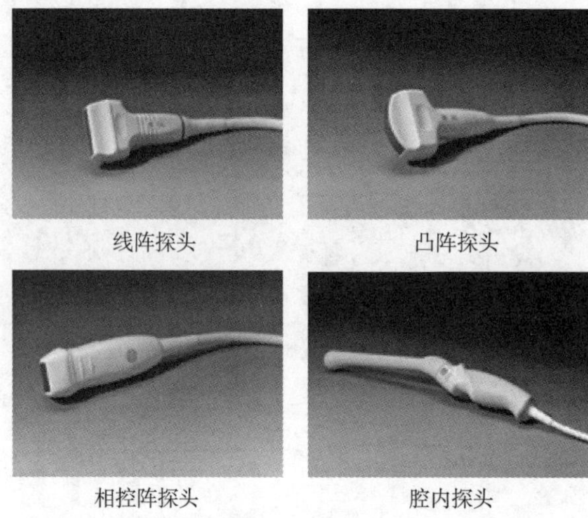

图 2-7　常用超声探头外观图

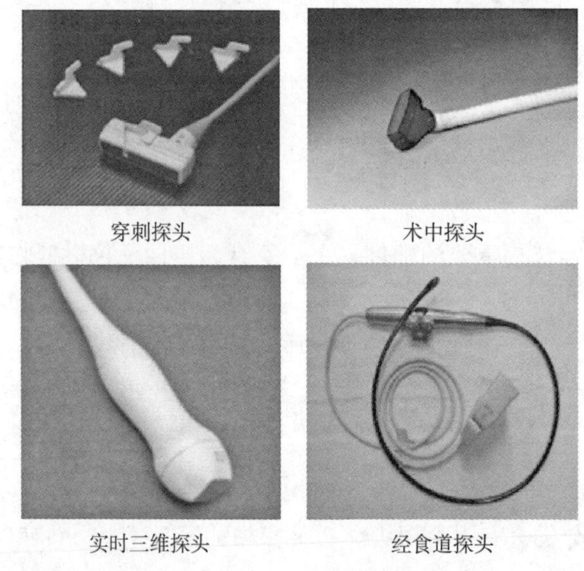

图 2-8　特殊超声探头外观图

（2）特点与临床应用。超声诊断仪配备的探头各有特点，在临床应用时，根据检查部位的不同选择不同的探头。

1）线阵探头。探头面为平面；与人体接触面积大；图像近场视野与远场视野相同，呈矩形；适合甲状腺、外周血管、皮肤等浅表组织的探查。线阵探头声像图如图 2-9 所示。

2）凸阵探头。探头面为凸面；与人体接触面积比线阵探头小一些；图像近场视野小、远场视野大，呈扇形；适合肝、肾、膀胱等腹部器官及妇产科相关器官的探查。凸阵探头声像图如图 2-10 所示。

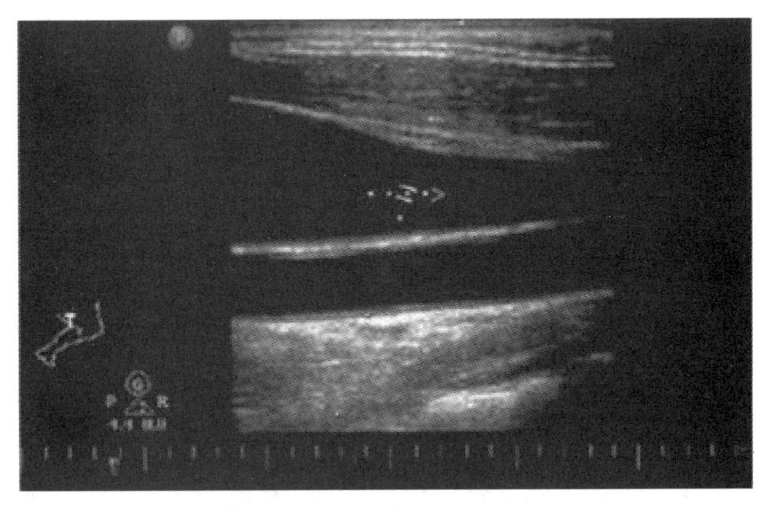

图 2-9　线阵探头声像图

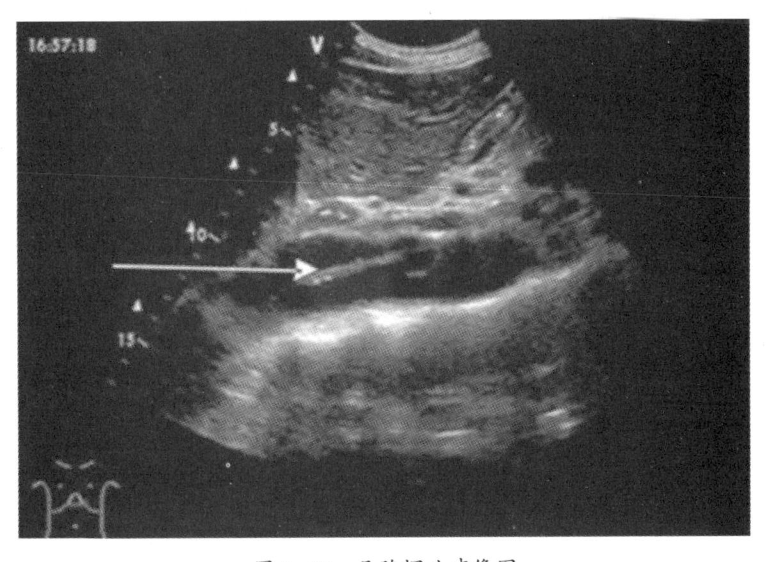

图 2-10　凸阵探头声像图

3）相控阵探头。探头面为平面；与人体接触面积较小；图像近场视野小、远场视野大，呈扇形；适合心脏的探查。相控阵探头声像图如图 2-11 所示。

2. 型号

超声诊断仪生产厂家众多，各厂家探头型号命名方式不尽相同，但也有一些常用的规则，如 R40、R50、R60、C40、L40、L60、6T 等。

在探头型号中，R 或 C 表示探头扫描方式为凸阵扫描，后面的数字表示扫描的曲率半径；L 表示探头扫描方式为线阵扫描，后面的数字表示扫描的宽度；6T 是经食道探头常用的表示方式。

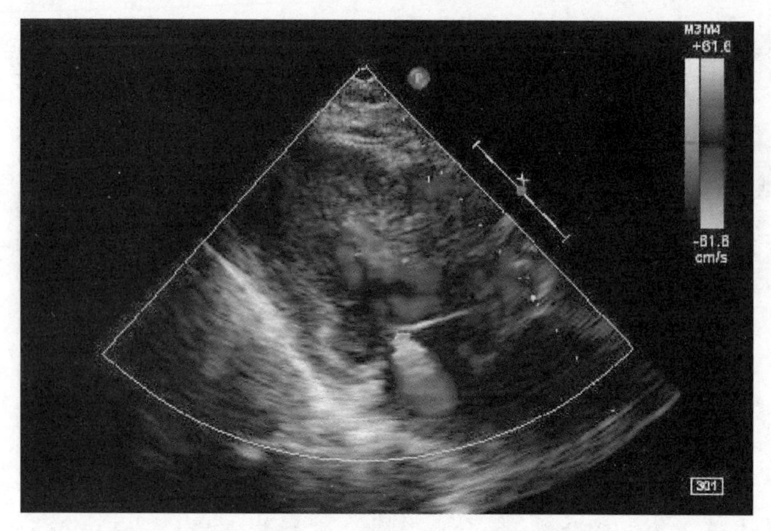

图 2-11　相控阵探头声像图

3. 安装与使用

超声诊断仪探头与主机连接方式一般采用插拔式，插头与插座方向唯一，只要认真阅读说明书，不要用力过度，安装较为简单。

探头是精密器件，也是超声设备的重要部件，为保护探头，在安装与使用过程中应注意以下几点。

（1）使用前认真阅读探头使用说明书，严格遵守探头的使用规定。

（2）在安装和使用过程中必须小心轻放，不得碰撞声头，在运输、保管过程中应使用原厂家的探头包装盒或用软布包好声头。

（3）在安装和拆下探头时，应先关闭整机主电源。

（4）要避免接触有机溶剂（酒精类有机溶剂除外），否则探头会因接触有机溶剂开裂损坏，切记不能用丙酮类溶剂擦拭。

（5）保护透镜面，使用中不允许用锋利物品刺透镜面，透镜面一旦损坏，耦合剂就容易进入探头内部，损坏压电晶片。

（6）应使用无腐蚀性的耦合剂，以免探头的声透镜受到油性物的腐蚀而损坏。使用的超声耦合剂应对皮肤无刺激作用，非油性。

（7）如果要对探头进行浸泡消毒，应按照厂家的说明书操作，以免探头内部的电路因进水而失效，甚至烧坏。

（8）不得高温消毒，因为探头内部装有压电陶瓷，高温会使压电陶瓷的压电效应变弱。

（9）使用前应认真检查探头外壳、线缆是否有破损，以防探头工作时高压电击

伤人。

（10）探头使用完毕，一定要将探头上残留的耦合剂擦拭干净。

二、视频打印机

视频打印机也称为图像打印机或图像记录仪，是指专门用于接收视频信号，并且将视频信号图像打印输出的一种设备。

视频是由一组连续的画面组成的，在高速切换的状态下，通过视觉暂留的原理，在人的眼中形成连续的图像。而视频打印机正是一种将这些对于人眼来说是动态的影像，再次分离成静态的图像，并且打印输出，常用于 B 超、内窥镜等视频图像的输出。

1. 种类

视频打印机按色彩可分为黑白与彩色打印机，按信号类型可分为模拟与数字打印机，按打印原理可分为针式、字模式、喷墨式、热敏式、热升华式、激光式、荧光式、电灼式、磁式、离子式等。

2. 安装

视频打印机安装主要是驱动软件的安装与视频传输线的连接。驱动软件的安装一般根据供应商提供的安装步骤进行即可。视频传输线的连接是指超声诊断仪视频输出口到视频打印机视频输入口的传输线连接，要根据超声诊断仪与视频打印机视频接口的不同，选择不同的连接方法。常见的视频接口有以下几类（虽然有些接口不用于超声诊断仪与视频打印机连接，但在超声诊断仪与超声工作站连接或日常生活中常见）。

（1）VGA 接口。VGA（视频图形阵列）接口作为一种标准的显示接口，在视频和计算机领域得到了广泛的应用。

VGA 接口是一种 D 型接口，上面共有 15 针孔，分成 3 排，每排 5 个。VGA 接口中彩色分量采用 RS343 电平标准。RS343 电平标准的峰值电压为 1 V。VGA 接口是显卡上应用最为广泛的接口类型，多数的显卡都带有此种接口。如图 2-12 所示是 VGA 接口外观与芯线分布图。

（2）S-Video 接口。英文全称 Separate Video（分离视频），其意义就是将 Video 信号分开传送，也就是在 AV 接口的基础上将色度信号 C 和亮度信号 Y 进行分离，再分别以不同的通道进行传输，它出现并发展于 20 世纪 90 年代后期，通常采用标准的 4 芯（不含音效）或者扩展的 7 芯（含音效），超声诊断仪常用 4 芯 S-Video 接口。

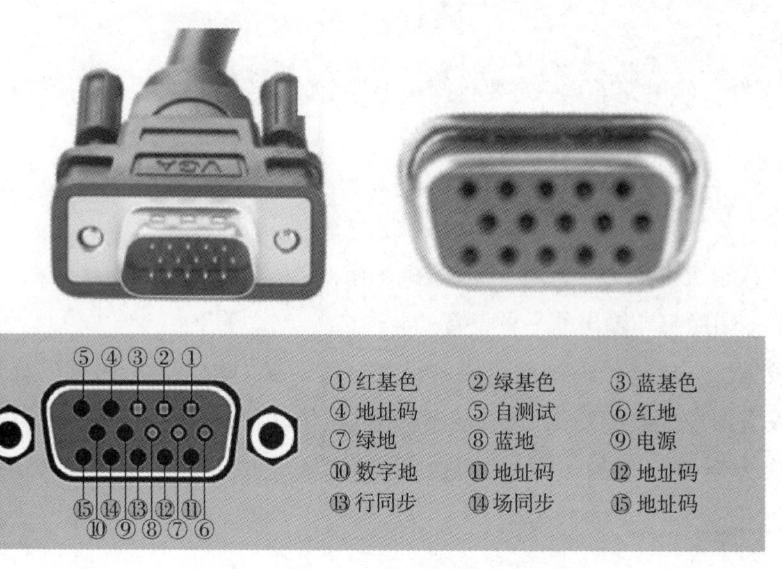

图 2-12　VGA 接口外观与芯线分布图

由于使用各自独立的传输通道，在很大程度上避免了视频设备内信号串扰而产生的图像失真，极大提高了图像的清晰度，但 S-Video 仍要将两路色差信号（Cr、Cb）混合为一路色度信号 C 进行传输，然后再在显示设备内解码为 Cr 和 Cb 进行处理，这样带来一定的信号损失而产生失真，且 Cr、Cb 的混合导致色度信号的带宽也有一定的限制。考虑市场状况、综合成本等其他因素，S-Video 是应用最普遍的模拟视频信号传输接口。如图 2-13 所示是 S-Video 接口外观和芯线分布图。

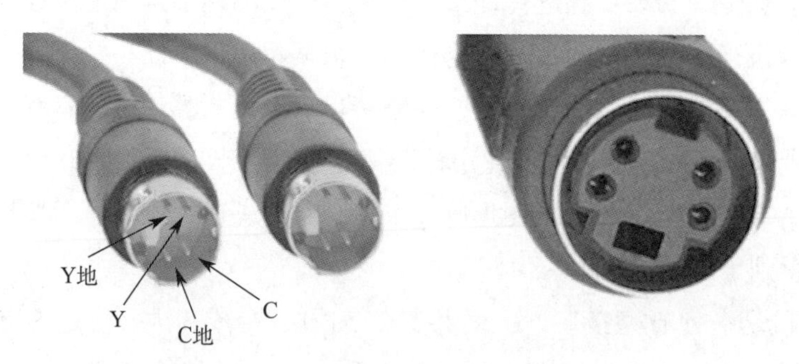

图 2-13　S-Video 接口外观和芯线分布图

（3）BNC 接口。BNC（基本网络卡）接口是指同轴电缆的连接接口，BNC 电缆有 5 个连接头，分别接收红、绿、蓝、水平同步和垂直同步信号。BNC 接头至今没有被淘汰，因为同轴电缆是一种屏蔽电缆，有传送距离长、信号稳定的优点。如图 2-14 所示是 BNC 接口实物图。

（4）AV 接口。AV 接口也称复合视频接口或者 Video 接口，是目前最普遍的一种视频接口。它是音频、视频分离的视频接口，一般由三个独立的 RCA 插头（又称梅花

接口）组成，其中的 CVBS 接口连接复合视频信号，为黄色插口；L 接口连接左声道声音信号，为白色插口；R 接口连接右声道声音信号，为红色插口。如图 2-15 所示是 AV 接口实物图。

图 2-14　BNC 接口实物图

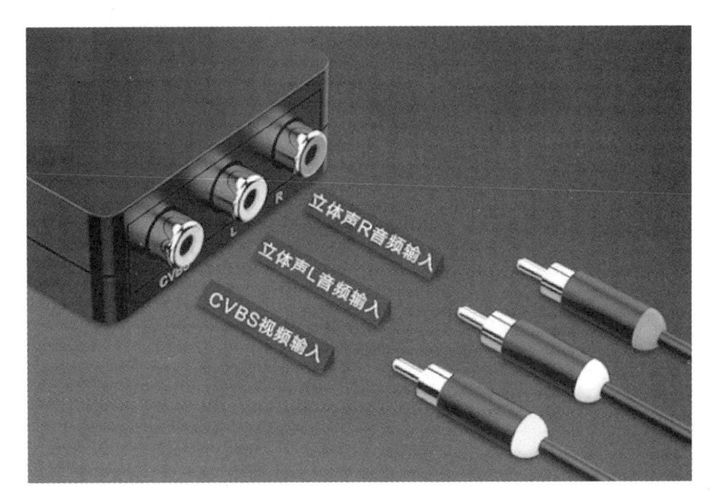

图 2-15　AV 接口实物图

（5）DVI。DVI（数字视频接口）是一种用于高速传输数字信号的接口，有 DVI-A、DVI-D 和 DVI-I 三种不同类型的接口形式。DVI-A 已弃用，DVI-D 只有数字接口，DVI-I 有数字和模拟接口。目前应用以 DVI-D（24+1）为主，DVI 与 VGA 接口都是计算机中常用的接口，与 VGA 接口不同的是，DVI 可以传输数字信号，不用再经过数模转换，画面质量非常高。如图 2-16 所示是 DVI 实物及接口分布图。

（6）HDMI。HDMI（高清多媒体接口）是一种全数字化视频和声音发送接口，可以同时发送未压缩的音频及视频信号。

标准的 HDMI 接头有 19 个脚位，规格为 4.45 mm × 13.9 mm，为最常见的 HDMI 接头规格；mini HDMI 共有 19 pin，是缩小版的 HDMI，规格为 2.42 mm × 10.42 mm，主要是用在便携式设备上，例如数字相机、便携式多媒体播放机等；micro HDMI 共有 19 pin，规格为 2.8 mm × 6.4 mm，比 19 针 mini HDMI 版接口小 50% 左右，可为相机、手机等便携设备带来较高的分辨率支持及较快的传输速度。如图 2–17 所示为标准 HDMI 外观及接口分布图。

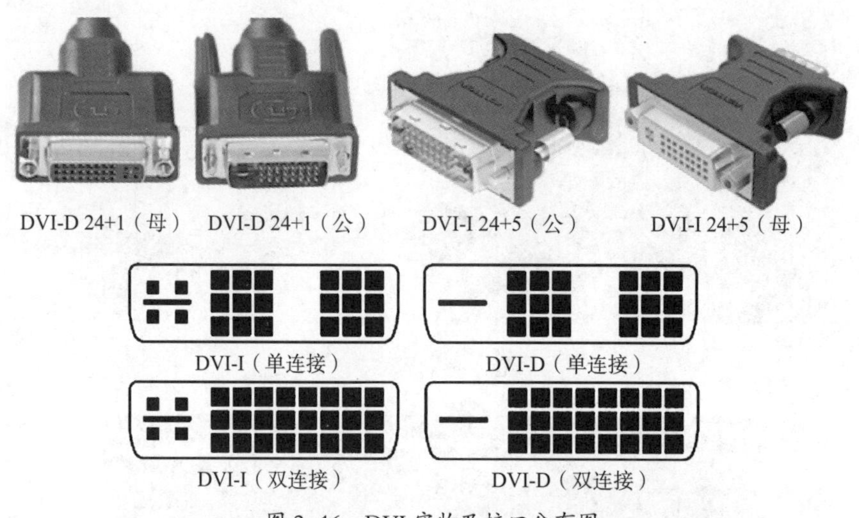

图 2–16　DVI 实物及接口分布图

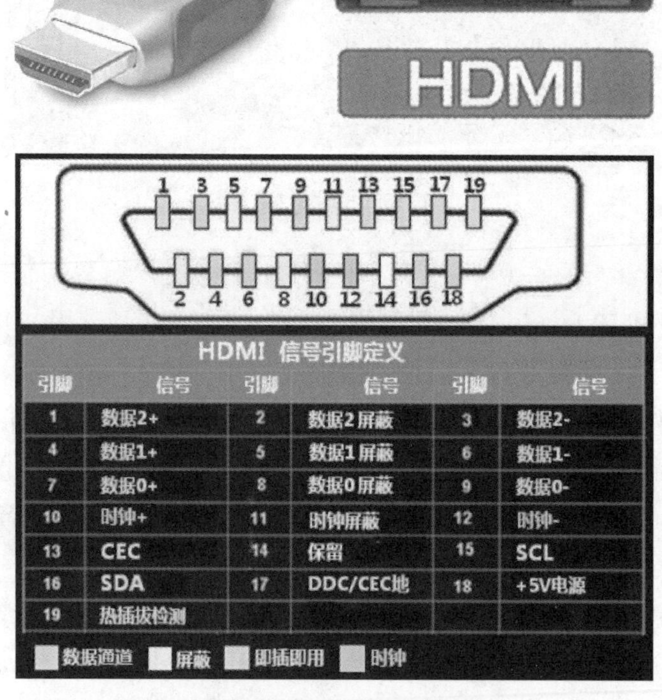

HDMI 信号引脚定义

引脚	信号	引脚	信号	引脚	信号
1	数据2+	2	数据2 屏蔽	3	数据2-
4	数据1+	5	数据1 屏蔽	6	数据1-
7	数据0+	8	数据0 屏蔽	9	数据0-
10	时钟+	11	时钟屏蔽	12	时钟-
13	CEC	14	保留	15	SCL
16	SDA	17	DDC/CEC地	18	+5V电源
19	热插拔检测				

图 2–17　标准 HDMI 外观及接口分布图

（7）USB 接口。USB（通用串行总线）是一个外部总线标准，也是一种输入输出接口的技术规范，被广泛地应用于个人计算机、移动设备等。USB 接口具有热插拔功能，已成为当今计算机与大量智能设备的必配接口，也是近几年超声诊断仪常用的接口。如图 2-18 所示是常见的 USB 接口外观及管脚分布图。

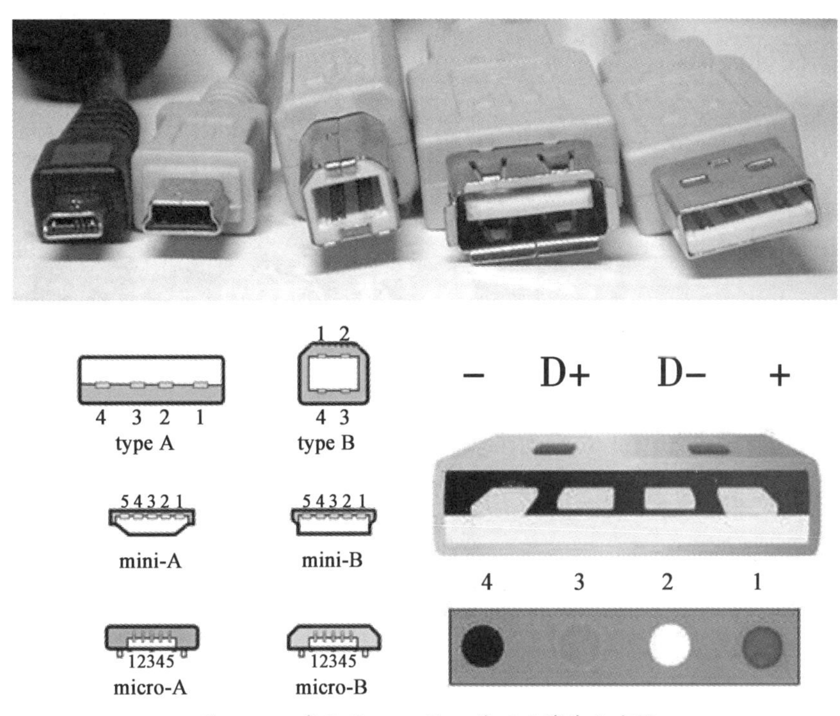

图 2-18 常见的 USB 接口外观及管脚分布图

三、工作站

超声工作站是超声科室必备的辅助装置，集受检者登记、图像采集、诊断编辑、报告打印、图像后处理、病历查询、统计分析等功能模块于一体，是超声科室科学管理的得力“助手”。

超声工作站由硬件和软件组成，硬件主要包括高性能的计算机和采集卡，软件主要是为实现工作站各项功能而编写的应用程序。超声工作站通常包括以下模块。

1. 系统设置模块

系统设置模块包括用户与权限设置、基本信息设置、图像参数设置、视频设置等。

2. 受检者管理模块

受检者管理模块包括受检者信息录入和受检者信息查询两部分，可进行受检者姓名、年龄、性别、检查部位、科室、临床诊断等相关信息的录入和查询。

3. 图像采集模块

通过采集卡采集动静态超声视频图像，可进行正、负像采集，左右镜像、上下镜像、区域采集，矩形、圆形采集，伪彩采集等。

4. 图像处理模块

对采集到的图像进行必要的处理，包括图像的放大、缩小、旋转、测量、注释、镜像、伪彩等。

5. 诊断编辑模块

操作者可以根据影像进行对应的诊断，系统提供大量丰富的标准模板术语供操作者编辑，操作者也可以在界面上直接编辑，进而完成诊断工作。

6. 生成报告模块

录入受检者信息，采集受检者病灶图像，编辑诊断信息后自动生成诊断报告。

四、医学数字成像和通信（DICOM）

1. DICOM 的定义与标准

随着数字成像技术、计算机技术和网络技术的进步和迅速发展，医院信息化管理系统应运而生。其中，应用最广泛的就是 PACS（影像归档和通信系统），主要任务是把日常产生的各种医学影像通过各种接口以数字化的方式保存，当需要的时候在一定的授权下能够很快调出使用，同时增加一些辅助诊断管理功能。构建 PACS 的基础是医学图像的数字化、标准化、网络化。不同的影像设备之间用网络传送数字图像，需要遵循同一个标准，来定义图像及其相关信息的组成格式和交换方法，才能完成图像数据的输入和输出。

DICOM 定义了质量能满足临床需要的可用于数据交换的医学图像格式，可使 PACS 充分利用各种先进的设备，并能够充分集成各个公司所开发的图像采集系统、图像管理系统、显示系统、打印系统等。

DICOM 标准涵盖了医学数字图像的采集、归档、通信、显示、查询等信息交换的协议；以开放互联的架构和面向对象的方法定义了一套包含各种类型医学诊断图像及其相关的分析、报告等信息的对象集；定义了用于信息传递、交换的服务类与命令集，

以及消息的标准响应；详述了各类信息对象技术；提供了应用于网络环境的服务支持；结构化地定义了制造厂商的兼容性声明。

2. DICOM 的基本内容

（1）概述。简单介绍概念及其组成，对设计原理进行描述。

（2）兼容性。说明兼容性定义和方法，包含可以识别的信息对象、支持的消息服务、支持的通信协议。

（3）信息对象定义。DICOM 把每个图像包装成一个信息对象定义，每个信息对象定义是由其用途和属性构成的。信息对象定义有普通型和复合型两种。普通信息对象定义只包含应用实体中固有的属性；复合信息对象定义可以附加不是应用实体所固有的属性，复合对象类提供了表达图像通信所需要的结构性框架，使网络环境下的应用更加方便。

（4）服务类。服务类是将信息对象与作用在该对象上的命令联系在一起，并说明命令元素的要求以及作用在信息对象上的结果。典型的 DICOM 服务类有查询 / 检索服务类、存储服务类、打印管理服务类等。

（5）数据结构和语义。这部分着重说明的是有关 DICOM 消息中的数据流内容，说明 DICOM 应用实体如何构造从信息对象与服务类用途中导出的数据集信息，给出构成消息中传递的数据流编码规则、值表示法、传输语法等。

（6）数据字典。它是 DICOM 中所有表示信息的数据元素定义的集合，在 DICOM 标准中为每一个数据元素指定唯一的标记、名字、数字特征和语义。在 DICOM 设备之间进行消息交换时，消息中的内容具有明确的无歧义的编号和意义，可以相互理解和解释。

（7）消息交换。消息由用于交换的一个或多个命令以及完成命令所必需的数据组成（包括消息服务单元、应用上下文命令字典和应用上下文名称唯一标志符的索引等），是 DICOM 应用实体之间进行通信的基本单元。这部分说明了在医学图像环境中的应用实体用于交换消息的服务和协议。

（8）消息交换的网络支持。说明 DICOM 实体之间在网络环境中通信服务和支持 DICOM 应用进行消息交换的必要上层协议。这些服务和协议保证了应用实体之间有效和正确地通过网络进行通信。

（9）消息交换的点对点通信支持。说明与 ACR-NEMA2.0 相兼容的点对点通信环境下的服务和协议，包括物理接口、信号联络过程以及使用该物理接口与 OSI 类似的会话 / 传输 / 网络协议及其服务。

（10）用于介质交换的介质存储和文件格式。此项说明一个在可移动存储介质上医学图像信息存储的通用模型，提供在各种物理存储介质上不同类型的医学图像和相关信息进行交换的框架，以及支持封装任何信息对象定义的文件格式。

（11）介质存储应用。声明用于医学图像及相关设备信息交换的兼容性。

（12）用于介质交换的物理介质和介质格式。提供在医学环境中数字图像计算机系统之间信息交换的功能，这种交换功能将增强诊断图像和其他潜在的临床应用。

（13）点对点通信支持的打印管理。定义在打印用户和打印提供方之间点对点连接时，支持 DICOM 打印管理应用实体通信的服务和协议。

（14）灰度图像的标准显示功能。提供用于测量特定显示系统显示特性的方法。

（15）安全性概述。说明在两个通信的应用程序之间交换信息时应遵守的安全规则。

3. DICOM 的服务

（1）存储。存储的主要功能是实现图像的存储，即带存储功能的设备通过正确的配置可以将设备已经采集的 DICOM 图像发送给 PACS。其工作过程一般分三步。

1）包装。影像设备将图像包装成信息对象定义，再加上存储信息服务，包装为网络通信信息，向 PACS 发出信息服务申请。

2）解包。存档服务器接收信息后，进行解包，判读命令部分，将图像读出，并存入硬盘。

3）回答。服务器发出回答信息，通知影像设备已完成存储，影像设备收到后，完成通信。

存储服务可以允许多帧传输、使用原始数据、压缩等，但不能对图像进行修改。

（2）工作列表。其主要功能是将受检者信息转化为所需要的工作列表，即提供按查询参数排序的受检者列表。其工作过程是：带工作列表功能的设备通过正确的配置可询问 PACS 或系统，从中获取受检者的基本信息以方便检查、降低差错率。

（3）打印。带打印功能的设备（如放射科大型影像设备、PACS 的图像诊断工作站）可将受检者的图像传输到打印机，并进行打印。

4. 网络设置

（1）信息交换的网络支持。DICOM 的网络传输协议是与开放系统互连（OSI）协议相对应的。OSI 参考模型有 7 层，每层的功能简述如下。

1）物理层——传输数字信息到连接设备。它通过电缆（超声设备主要采用双绞线）或光缆传输比特数据流，同时定义电缆线如何连接到网卡，数据编码如何和数据流同步，比特数据流的持续时间以及比特数据流如何转换为可在缆线上传输的电或光脉冲信号。

2）数据链路层——在物理连接的基础上实现点对点传输。从网络层向物理层发送数据帧（存放数据的有组织的逻辑结构），接收端将来自物理层的比特数据流打包成数据帧。控制信息包括帧的类型、路由和分段信息。

3）网络层——把数据路由到不同网络。它负责信息寻址，将逻辑地址与名字转换为物理地址，通过分组交换和路由选择，实现数据块传输。

4）传输层——工业标准传输控制（TCP）协议确保可靠地传输全部信息。这一层将信息重新打包，将长信息分成多个报文，并把多个小信息合并成一个报文，从而使报文在网络上有效传输。同时提供流量控制和错误处理能力。

5）会话层——管理设备间的会话（开始、停止和调整传输顺序）。在两个应用进程之间，管理不同形式的通信会话，并在数据流中放置监测点来保持用户任务之间的同步。

6）表示层——提供数据转换的语法（编码格式、转换格式等）。转换主机间的不同信息格式和编码方式，也称为网络转换器，负责协议转换、数据加密、数据翻译等。

7）应用层——为网络提供服务功能和供用户使用。一般包含所有的高层协议，主要由 DICOM 消息服务元素协议和 DICOM 协议组成。DICOM 协议是 TCP 协议和因特网互联（IP）协议之上的高层协议，其主要作用是将要传输的数据封装成 TCP 协议数据单元（PDU）形式传输给传输层，以及将接收的 TCP 协议 PDU 形式的数据转化成一般的数据格式；进行指定方式的通信（电子邮件、文件传送、客户机 / 服务器），执行打开、关闭、读写文件等操作，执行远程作业，获得关于网络资源的字典信息。由于应用层支持消息交换的操作和服务，也被称为连接控制服务单元（ACSE）。

由于 TCP/IP 协议高效而简洁，DICOM 标准又定义了支持 TCP/IP 传输 DICOM 对象的上层协议（对应于 OSI 的表示层、会话层和应用层），TCP/IP 成为常用的通信协议。网络支持在 DICOM 的下层，是基础部分。

（2）信息对象定义层次。信息对象与特定的图像种类相对应，图像信息对象定义有 4 个层次，即患者（patient）层、研究（study）层、系列（series）层、图像（image）层。患者层包含患者基本资料，是最高层次；研究层包含检查种类（CT、MRI 等）、检查日期等；系列层包含检查形态和扫描条件、视野、层厚等；图像层包含获取的位置属性、图像像素信息等。

（3）信息服务。信息对象定义只是服务的对象，信息服务定义了服务的内容。信息对象加服务组成了服务对象对（SOP），一个 DICOM 兼容设备必须兼容一个或多个 SOP，即设备支持特定图像和 SOP 规定的操作，还必须符合服务类用户（SCU）或服务类提供者（SCP）的身份。提供服务、执行命令的一方是 SCP，接收服务、发出命令的一方是 SCU。

为实现信息交换，DICOM 标准要求消息服务单元完成以下操作：①应用程序通过应用程序接口（API）发出 DICOM 功能服务要求；② DICOM 服务器构造应用实体把 API 参数放入应用实体上下文；应用实体根据上下文功能，要求调用对应的 DICOM 上层服务功能；③ DICOM 上层服务功能将相关参数组成 TCP 协议 PDU 包，传递给 TCP 套接字接口进行封装；对于 SCU，DICOM-MSE 用于发送请求命令、接收响应命令等；对于 SCP，DICOM-MSE 用于接收请求命令、发送响应命令等；④操作系统的 TCP/IP 服务通过物理网络，将数据传送到目标计算机；⑤目标计算机收到信息后，回送应答信息。

（4）IP 地址设置。DICOM 图像发送与接收一般使用固定 IP 地址，IP 地址的设置在操作系统中进行，在计算机中打开网络设置对话框，单击“本地连接”，在弹出的菜单中选择“属性”。打开“本地连接 属性”对话框，如图 2-19 所示。

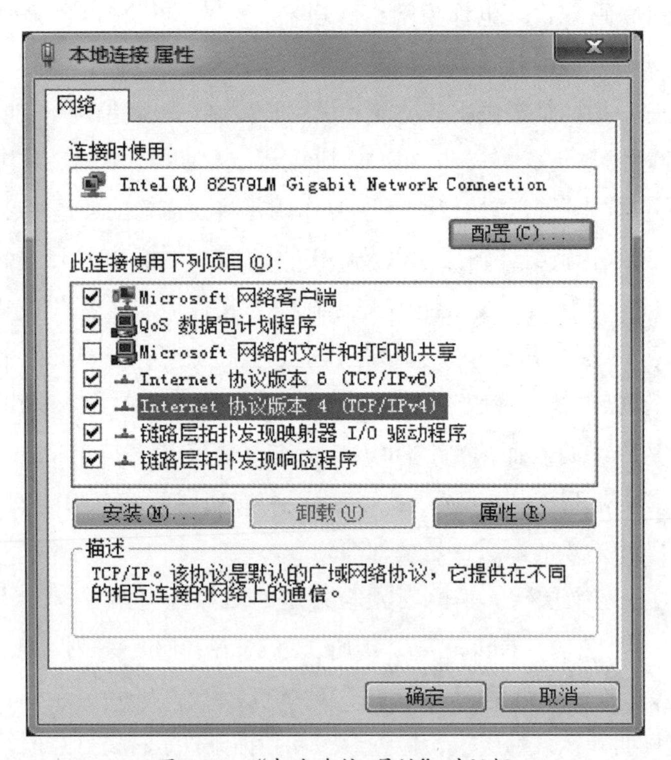

图 2-19 “本地连接 属性”对话框

选择“Internet 协议版本 4”（TCP/IPv4），单击“属性”即可打开 IP 地址设置界面，如图 2-20 所示。

Internet 协议版本 4 (TCP/IPv4) 属性

常规

如果网络支持此功能，则可以获取自动指派的 IP 设置。否则，您需要从网络系统管理员处获得适当的 IP 设置。

自动获得 IP 地址(O)

使用下面的 IP 地址(S):

IP 地址(I): 192 . 168 . 1 . 10

子网掩码(U): 255 . 255 . 255 . 0

默认网关(D): 192 . 168 . 0 . 1

自动获得 DNS 服务器地址(B)

使用下面的 DNS 服务器地址(E):

首选 DNS 服务器(P):

备用 DNS 服务器(A):

退出时验证设置(L)　高级(V)...

确定　取消

图 2-20 “IP 地址设置界面”示意图

在设置 IP 地址、子网掩码和默认网关时，IP 地址最后一位数的范围是 0 ~ 255，但 0 和 255 都是系统保留的，故 IP 最后一位的有效范围是 1 ~ 254；子网掩码一般为“255.255.255.0”；网关是一个翻译器。网桥只是简单地传送信息，而网关对收到的信息要重新打包，以适应目的系统的需求。同时，网关也可以提供过滤和安全功能。目前常用路由器一般使用“192.168.1.1”和“192.168.0.1”作为 LAN 接口地址，这两个地址也是最常见的网关地址，正确的网关配置才能保证用户可以正常上网。超声诊断仪默认网关一般采用手动设置。

操作技能

超声探头的安装与测试

操作准备

准备超声诊断仪、超声探头、探头测试体模等。

操作步骤

步骤 1　根据超声探头安装说明书，完成探头与主机之间的连接。

步骤 2 核查安装情况，开机观察设备状态。

步骤 3 利用超声探头测试模体对探头进行测试。

注意事项

1. 安装前仔细阅读说明书，熟悉安装流程。
2. 安装完毕进行核查，然后再开机测试。

超声诊断仪图像传输

操作准备

准备超声诊断仪、超声探头、计算机、PACS 服务器软件、网线、图像传输线、视频转换器、外接显示器、安装手册等。

操作步骤

步骤 1 根据安装手册完成外接显示器的连接。

步骤 2 根据安装手册完成 PACS 的网络设置参数。

步骤 3 根据安装手册完成工作列表调用受检者信息。

步骤 4 根据安装手册完成 DICOM STORAGE 传图。

注意事项

1. 安装前仔细阅读安装手册，熟悉整个流程。
2. 网络参数设置要仔细核查，准确无误。
3. DICOM STORAGE 传图符合安装手册规范，图像清晰。

学习单元 4

基本操作与扫查

一、基本设置与操作

不同厂家生产的超声诊断仪，由于设计不同，在基本设置与操作方面会有一些不同。下面以迈瑞 DP-3300 型全数字超声诊断仪为例，具体讲解仪器的基本设置与操作。

DP-3300 型全数字超声诊断仪控制面板如图 2-21 所示。

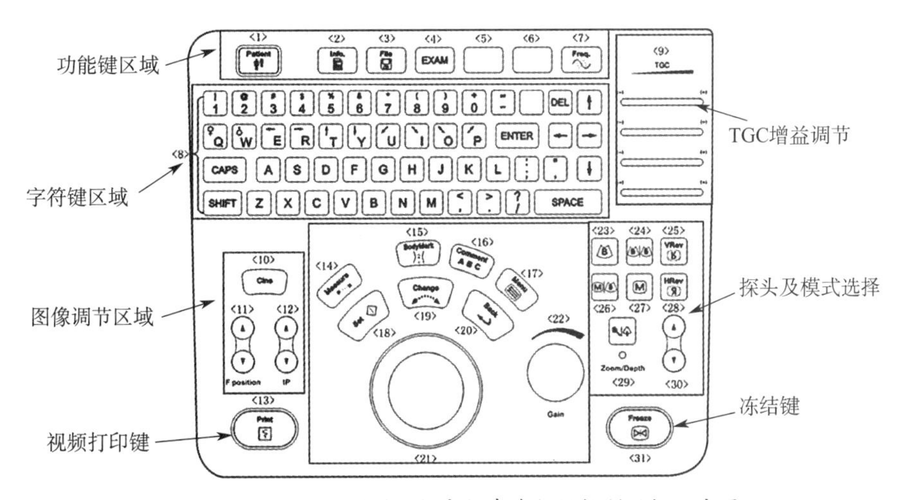

图 2-21　DP-3300 型全数字超声诊断仪控制面板示意图

DP-3300型全数字超声诊断仪按键名称及其功能见表2-1。

表2-1　　按键名称及其功能

序号	按键名称		功能
	英文	中文	
<1>	Patient	新患者	删除存储器中前一位患者的数据，准备检查新患者
<2>	Info.	患者资料	患者信息界面显示
<3>	File	文件	保存或加载文件
<4>	EXAM	检查模式	通过菜单选择检查模式
<5>	Blank keyl	空白键1	预留键
<6>	Blank key2	空白键2	切换探头（在配置了2个探头接口的情况下）
<7>	Freq	变频	切换探头发射频率
<8>	Character and number keys	字符数字键	在按住SHIFT键的同时，输入字母或数字键，可输入同一个键的上排符号。在按住CAPS键的同时，输入字母键，可输入其对应的大写字母
<9>	TGC	深度增益补偿	根据距体表深度调整超声回波接收灵敏度
<10>	Cine	电影回放	进入/退出手动电影回放模式
<11>	F.position	焦点位置	调节焦点位置
<12>	IP	图像处理	调节图像处理参数
<13>	Print	打印	图像打印
<14>	Measure	测量	进入测量模式
<15>	BodyMark	体位图	进入体位图选取、插入模式
<16>	Comment	注释	注释功能提供键入自由文本注释和从注释库中插入预先定义的注释的功能，它也提供箭头标记以指向图像的部分
<17>	Menu	菜单	根据系统状态显示或关闭菜单
<18>	Set	确定	确定选项，确定注释、测量的光标位置等
<19>	Change	切换	在测量中切换标尺的活动端和固定端、打开注释用语库等
<20>	Back	回退	返回上一步操作
<21>	Trackball	轨迹球	调节光标位置
<22>	Gain	增益	调节图像的增益
<23>	B	B模式	进入B模式显示
<24>	B+B	双B模式	进入双B模式显示
<25>	VRev	垂直翻转	垂直翻转图像

续表

序号	按键名称		功能
	英文	中文	
<26>	M+B	M/B 模式	进入 M/B 模式显示
<27>	M	M 模式	进入 M 模式显示
<28>	HRev	水平翻转	水平翻转图像
<29>	Zoom/Depth	放大 / 深度调整	切换其右侧的船形按键为放大状态或深度调节状态
<30>	Ship-like key	船形按键	调节图像的放大倍数或深度
<31>	Freeze	冻结	冻结和解冻图像。如果图像冻结，声功率输出停止

二、各部位超声影像解剖基础与扫查方法

常规的超声检查部位有腹部、小器官、心脏、血管等。另外还可以在超声引导下进行穿刺，做针吸细胞学或组织学活检，或进行某些引流、药物注入治疗等。

1. 腹部

腹部超声检查适用于肝、胆囊、胆管、脾、胰、肾、肾上腺、膀胱、前列腺等多种脏器的医学诊断，具有检查方法简便、诊断准确率高、对受检者无损伤等特点。如图 2-22 所示是人体腹部分区及主要脏器图。

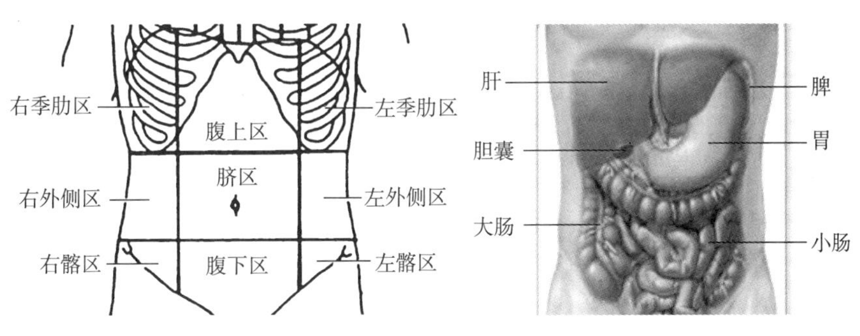

图 2-22 人体腹部分区及主要脏器图

下面以肝为例，介绍腹部扫查方法。

（1）肝简介。肝是身体内以代谢功能为主的一个器官，具有分泌胆汁，储藏糖原，调节蛋白质、脂肪和碳水化合物的新陈代谢等功能，还有解毒、造血和凝血作用。肝位于右上腹，隐藏在右侧膈下和肋骨深面，大部分肝为肋弓所覆盖，仅在腹上区、右肋弓间露出并直接接触腹前壁，肝上方则与膈及腹前壁相接。

肝朝向前上方的面称膈面，膈面借镰状韧带将肝分为左右两部，即左叶和右叶。左叶小而薄，右叶大而厚，如图 2-23 所示。

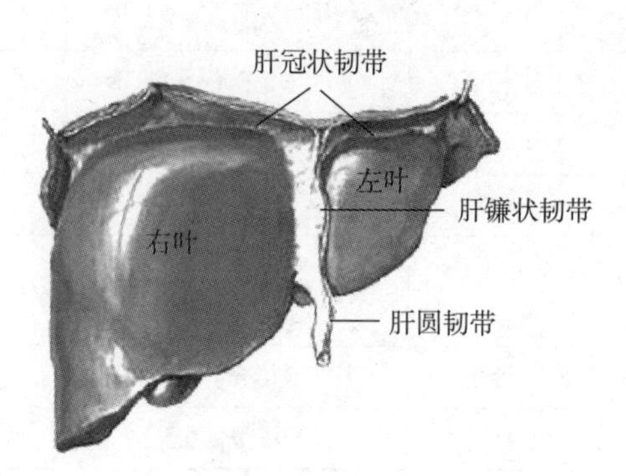

图 2-23　人体肝膈面分布图

肝的背面凹凸不平，称为脏面，朝向后下方，与腹腔器官相邻。脏面的中部有 H 形的两条纵沟和一条横沟。左侧纵沟的前部有肝圆韧带（见图 2-23），右侧纵沟的前部容纳胆囊，后部紧接下腔静脉。横沟位于肝脏面正中，有肝左、右管居前，肝固有动脉左、右支居中，肝门静脉左、右支，肝的神经和淋巴管等由此出入，故称为肝门。肝门分第一肝门、第二肝门、第三肝门。肝脏面及三个肝门示意如图 2-24 所示。

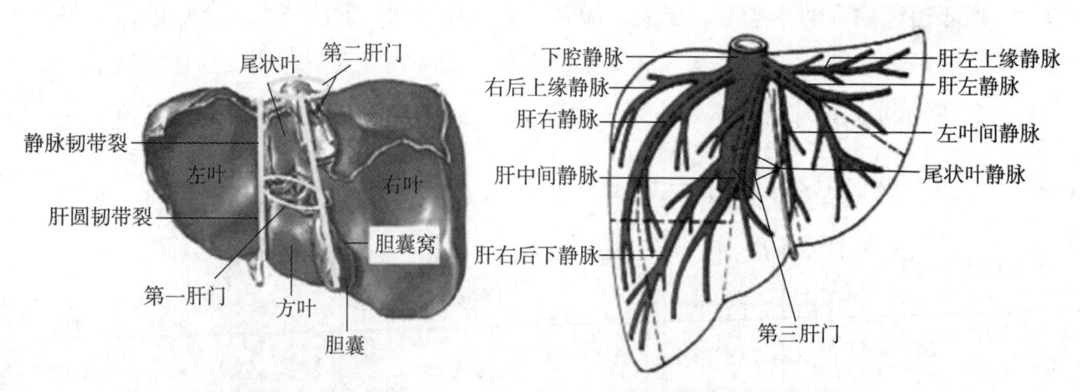

图 2-24　人体肝脏面及三个肝门示意图

（2）肝超声检查基本方法。进行肝超声检查时，受检者应尽可能空腹。超声探头应选用凸阵探头，探测频率一般选择 2.5 ~ 7.5 MHz，要根据受检者的体态来调整，因超声波的探测深度与频率成反比，体态越胖的人，探测频率应选择低一些。

1）检查体位

①仰卧位。仰卧位为常规检查体位，主要用于检查肝左叶、右前叶和部分右后叶。受检者仰卧，平稳呼吸，两手上举置于枕后，如图 2-25 所示。

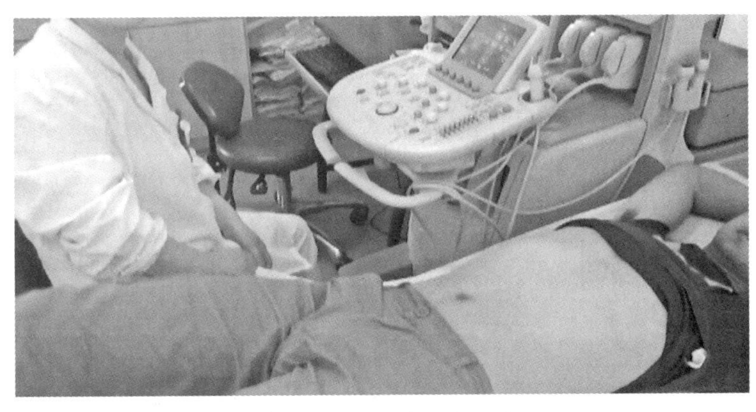

图 2-25　肝脏超声检查仰卧位

②左侧卧位。受检者向左侧 45°~90° 卧位，右臂上举置于头后，如图 2-26 所示，该体位便于观察肝右叶，特别是对于右后叶的观察。

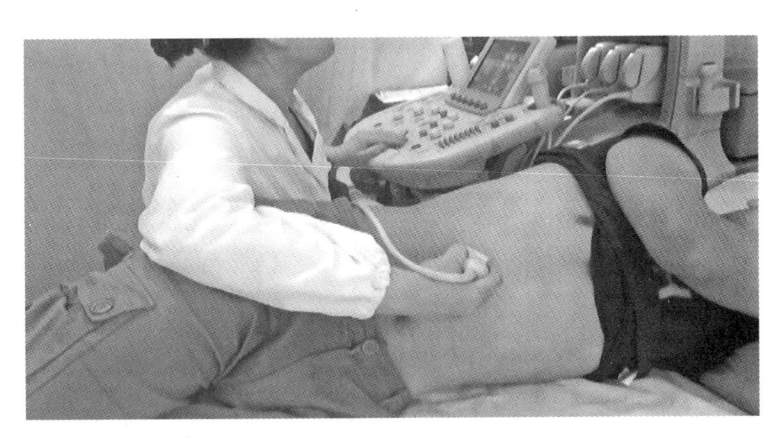

图 2-26　肝脏超声检查左侧卧位

③半卧位、坐位和站立位。适用于肝位置较高的受检者，用于了解肝的活动度以诊断肝下垂，为不常用体位。

④右侧卧位。右侧卧位可用于在胃充气时显示左外叶，为不常用体位。

⑤俯卧位。俯卧位仅在肝位置过高、肝右叶显著肿大、需与其他疾病（如腹膜后肿块）鉴别诊断时选用，一般不用。

2）探头扫查部位

①右肋下位。右肋下位主要显示左内叶、尾状叶、右前叶、右后叶，以及第一、第二肝门。

②剑突下位。剑突下位主要显示左内叶、尾状叶、左外叶的内侧部及第二肝门。

③左肋下位。左肋下位主要显示左外上段、左外下段及左叶的外侧角及左下角。

④右肋间位。右肋间位主要显示肝右前、右后叶各段及膈顶区。

3）声束扫查切面。肝超声扫查时，根据声束切面的不同，可分为纵切面、横切面及斜切面。

①纵切面。探头长轴与人体平行的扫查切面为纵切面，如图 2–27 所示。纵切面可分为矢状面及冠状面，凡与腹壁接近垂直的纵切面称为矢状面，与腹壁接近平行的纵切面称为冠状面。

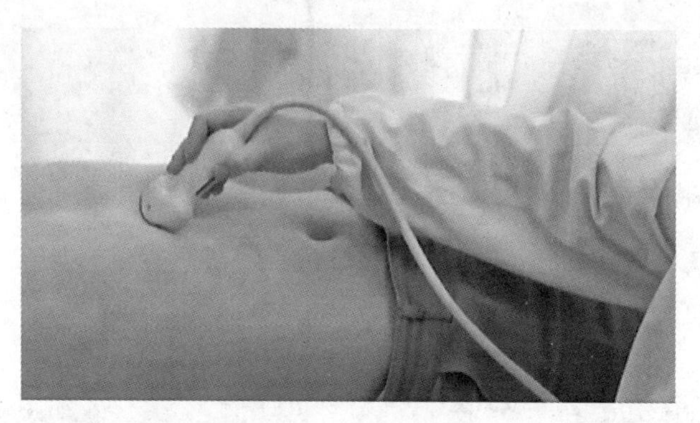

图 2–27　纵切面

②横切面。探头长轴与人体垂直的扫查切面为纵切面，如图 2–28 所示。

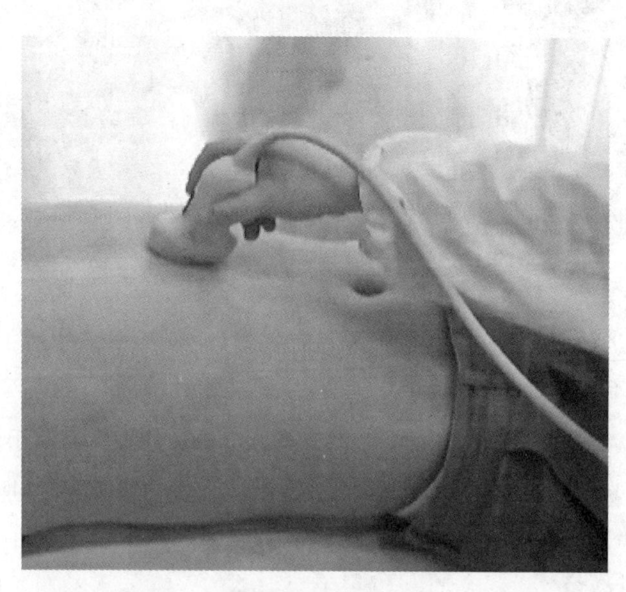

图 2–28　横切面

③斜切面。探头长轴与人体成一定角度的扫查切面为斜切面，如图 2–29 所示。肋间斜切一般声束切面平行于肋骨方向，肋下斜切一般声束切面平行于肋缘方向。

（3）肝超声声像图。肝扫查图像成楔形，左叶小而薄，右叶大而厚，轮廓规则而光滑，肝实质回声中等均匀，肝内管状结构清晰。下面介绍几种典型的声像图。

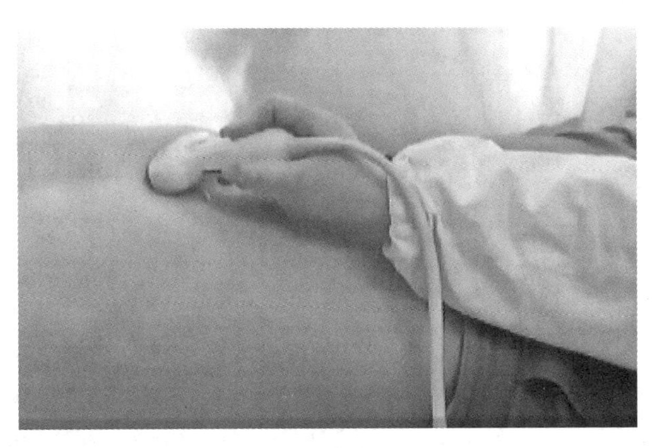

图 2-29 斜切面

1）剑突下纵切。剑突下纵切主要扫查肝左叶。

将探头置于腹中线左旁 1 cm 处，获得肝左叶和经腹主动脉矢状切面声像图，如图 2-30 所示，AO 表示腹主动脉，L-LIVER 表示肝左叶。在此切面可进行肝左叶前后径和上下径的测量。

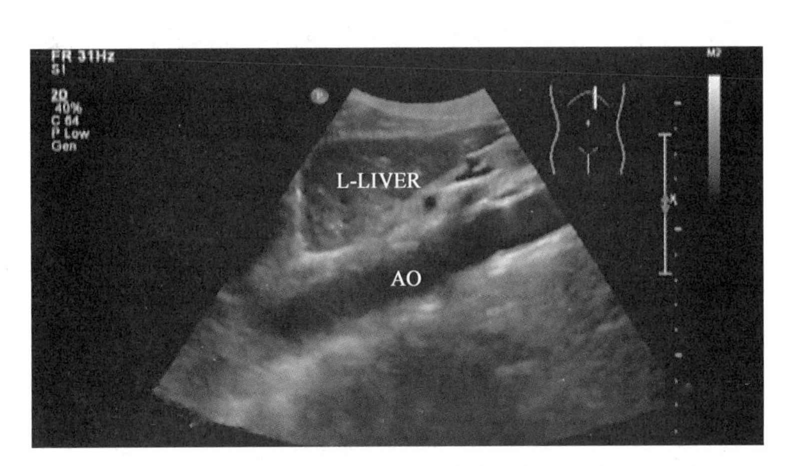

图 2-30 剑突下纵切（探头置于腹中线左旁 1 cm 处）声像图

将探头置于腹中线右旁 2 cm 处，获得经下腔静脉矢状切面声像图，显示下腔静脉长轴，如图 2-31 所示，IVC 表示下腔静脉，PV 表示门静脉。在此切面可进行下腔静脉内径测量，正常值应在 15 ~ 24 mm。

2）剑突下横切及左肋下斜切。将探头置于剑突下及左肋下，获得肝左叶斜断面图，重点显示肝左叶及门静脉左支工字形结构的特征，如图 2-32 所示。

3）右肋缘下斜切

①肝右叶斜切声像图，显示右前叶、右后叶及胆囊，如图 2-33 所示，GB 表示胆囊，P-HV 表示肝右静脉。

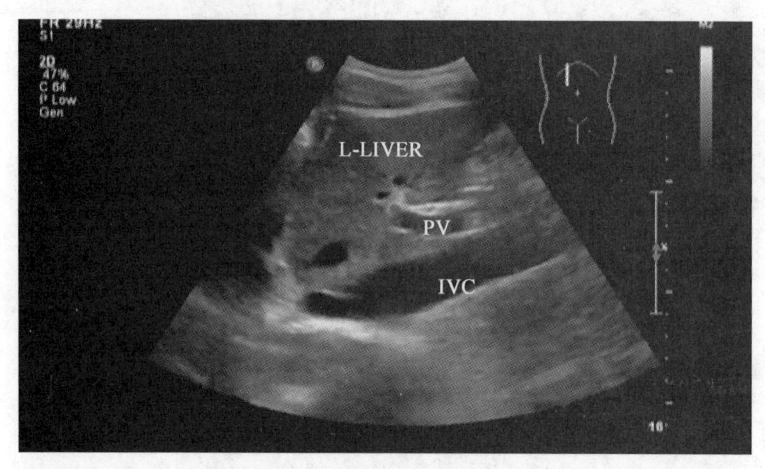

图 2-31　剑突下纵切（探头置于腹中线右旁 2 cm 处）声像图

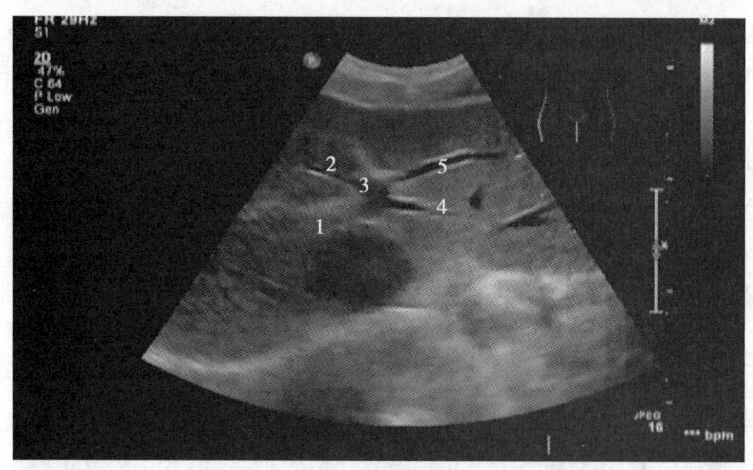

图 2-32　剑突下横切及左肋下斜切声像图

1—门静脉左支横部　2—左内叶支　3—门静脉左支矢状部　4—左外叶上段支　5—左外叶下段支

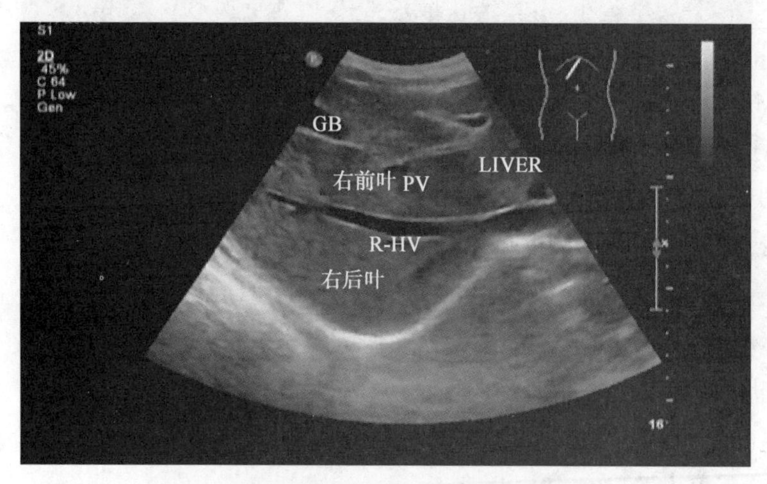

图 2-33　右肋缘下肝右叶斜切声像图

②第一肝门斜切声像图，显示门静脉左支（L–PV）和门静脉右支（R–PV），如图 2–34 所示。

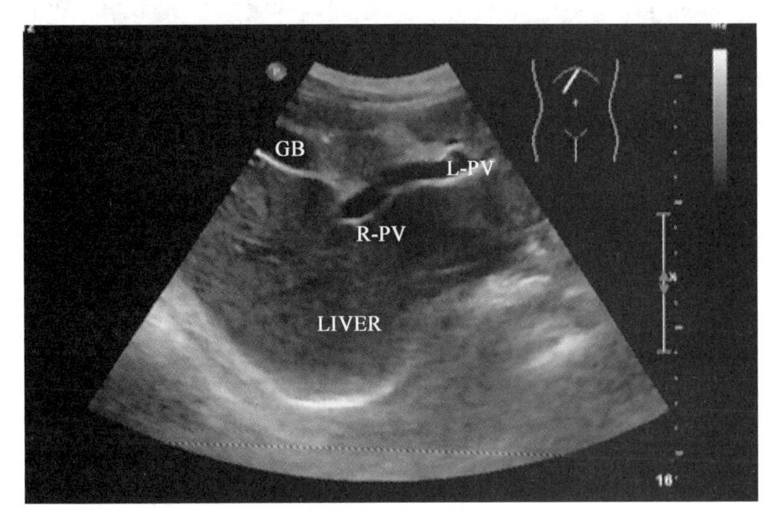

图 2–34　右肋缘下第一肝门斜切声像图

③第二肝门斜切声像图，显示三支肝静脉汇入下腔静脉，即肝左静脉、肝中静脉和肝右静脉，如图 2–35 所示。肝左静脉将肝左叶分为左外叶和左内叶，肝中静脉将肝分为肝左叶和肝右叶，肝右静脉将肝右叶分为右前叶和右后叶。

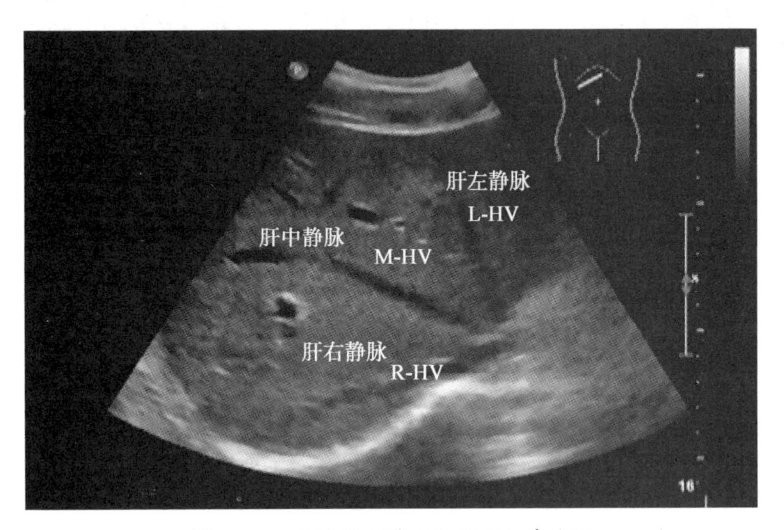

图 2–35　右肋缘下第二肝门斜切声像图

4）右肋间斜切。将探头沿着第 6 至第 9 肋间逐一探测，可以充分显示肝右叶的结构。

可以从斜切声像图中观察到胆囊、门静脉和右肾（RK）的声像图，如图 2–36 所示。

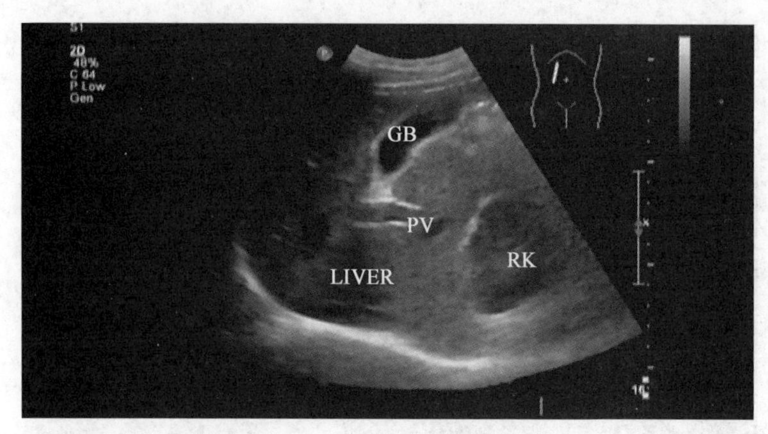

图 2-36　右肋间斜切声像图 1

门静脉主干长轴切面声像图，如图 2-37 所示。可进行门静脉内径测量，门静脉内径正常值一般小于 14 mm。

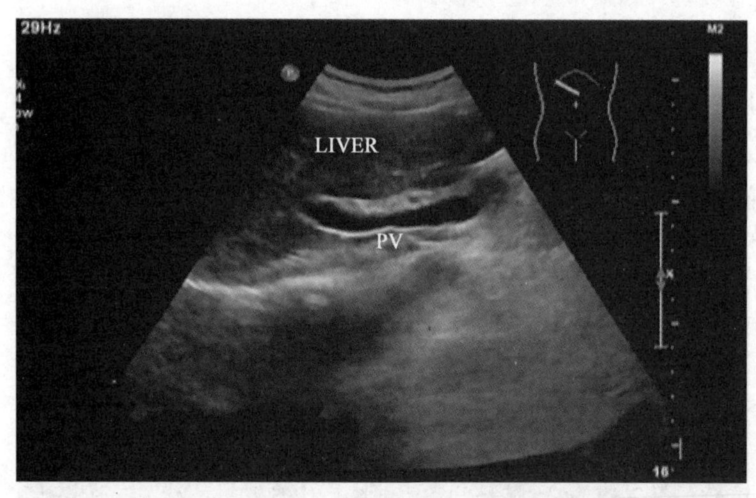

图 2-37　右肋间斜切声像图 2

2. 小器官

超声检查中的小器官一般是指用浅表探头能够检查的脏器，主要包括乳腺、甲状腺、腮腺和颌下腺，还包括任何部位的皮下包块，以及颈部、腋窝、腹股沟区的淋巴结等。下面以甲状腺为例，介绍其超声扫查方法。

（1）甲状腺简介。甲状腺是成年人最大的内分泌腺，位于颈前部，棕红色，呈"H"形，由左右两叶、峡部及锥状叶组成。甲状腺左右叶呈锥体形（右叶稍大），贴于喉和气管的侧面，上端达甲状软骨的中部，下端抵第 4 气管环，其内侧面借外侧韧带附着于环状软骨，因此在吞咽时，甲状腺可随喉上下移动。甲状腺峡连接左右叶，

位于第 2～第 4 气管软骨环前方，少数人的甲状腺峡可缺失。多数人自峡部向上伸出一个锥状叶，锥状叶长短不一，有的可达舌骨，它是甲状腺发育过程的残余。如图 2–38 所示为甲状腺位置与结构图。

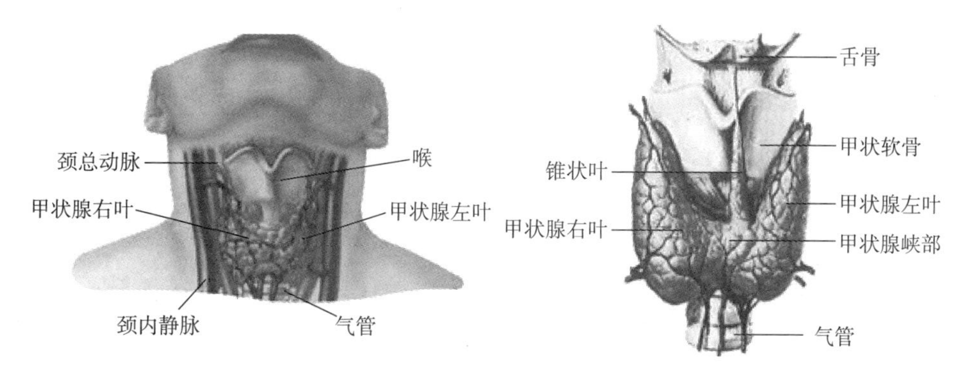

图 2–38　甲状腺位置与结构示意图

甲状腺实质主要由许多甲状腺滤泡组成。滤泡上皮细胞有合成、储存和分泌甲状腺激素的功能。甲状腺激素的主要作用是促进机体新陈代谢，维持机体的正常生长发育，对于骨骼和神经系统的发育有较大的影响。

（2）甲状腺超声检查基本方法。检查前一般无须特殊准备，颈部碘 131 放射治疗过的患者需在治疗 1 个月后再进行甲状腺超声检查；ECT（发射型的电子计算机断层扫描仪）检查的患者需在 1 周后再进行甲状腺超声检查。甲状腺超声检查时一般选用 7.5 MHz 以上的线阵探头。

1）检查体位

①仰卧位。为常规体位，在颈后及双肩后垫一枕头，头稍后仰，呈头低颈高位，充分暴露颈前及侧方，如图 2–39 所示。

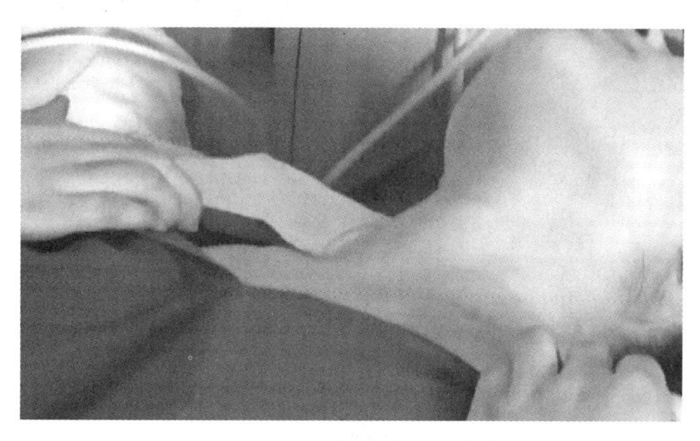

图 2–39　甲状腺检查仰卧位

②侧卧位。如果一侧甲状腺明显肿大，可采取侧卧位，分别检查甲状腺左右叶。检查两侧颈部淋巴结时，也可采用侧卧位。

2）扫查方法。扫查时一定要包含所有甲状腺组织（两侧叶、峡部、锥状叶）。

①横切扫查。分别从上向下滑行扫查，直至甲状腺下缘消失为止。

②纵切扫查。可沿甲状腺左右叶的长径扫查，由外向内或由内向外做一系列的纵切面滑行扫查。

③任意角度切面扫查。针对重点区以任意角度多切面扫查，获取重点区声像图。

④甲状腺血管扫查。探测甲状腺实质血流、结节血流以及甲状腺大血管情况（甲状腺上动脉等）。

⑤甲状腺周围颈部软组织扫查。扫查范围为颈前、颈侧区。观察有无异常回声，有无异常淋巴结病变等。

（3）甲状腺超声声像图

1）横切扫查声像图。将探头长轴调整到与颈部垂直的位置，置于颈前正中的甲状软骨下方，然后分别在其左右两侧，以从上到下的顺序进行滑行扫查，如图 2–40 所示。

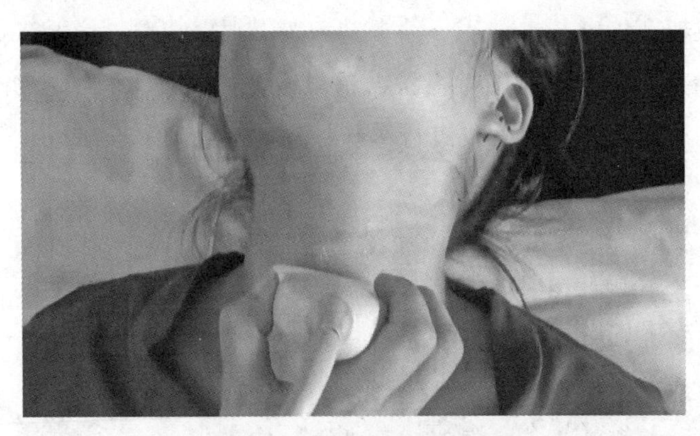

图 2–40　甲状腺横切扫查

探头置于颈部正中可以探测到甲状腺的全貌，可以显示甲状腺左右侧叶、峡部气管、左右侧颈总动脉。甲状腺横切面为蝶形，内部为精制细弱回声或等回声，如图 2–41 所示。

甲状腺右（或左）叶横切扫查，可以显示甲状腺右叶（或左叶）及其周围结构，如图 2–42 所示。

2）纵切扫查声像图。将探头长轴方向调整到与颈部平行，由外向内再由内向外分别对左右两侧叶进行滑行扫查，如图 2–43 所示。

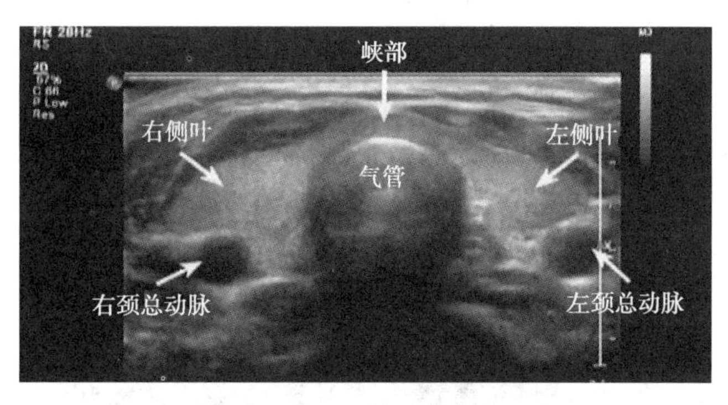

图 2-41　甲状腺全貌声像图

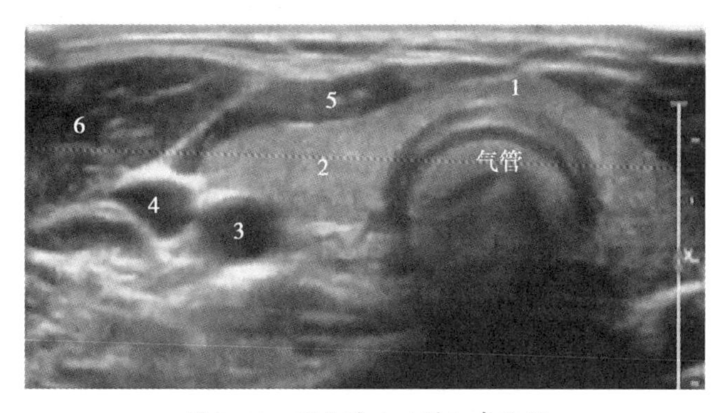

图 2-42　甲状腺右叶横切声像图

1—峡部　2—甲状腺右叶　3—右颈总动脉　4—右颈内静脉
5—右舌骨下肌群　6—右胸锁乳突肌

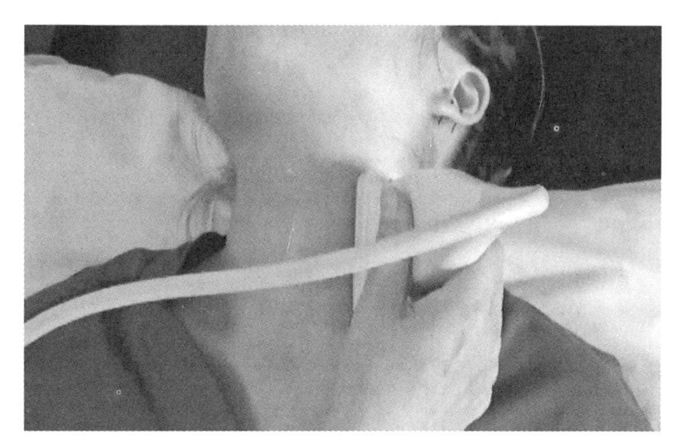

图 2-43　甲状腺纵切扫查示意图

甲状腺的左（或右）叶纵切面呈圆锥形或橄榄球形，如图 2-44 所示。

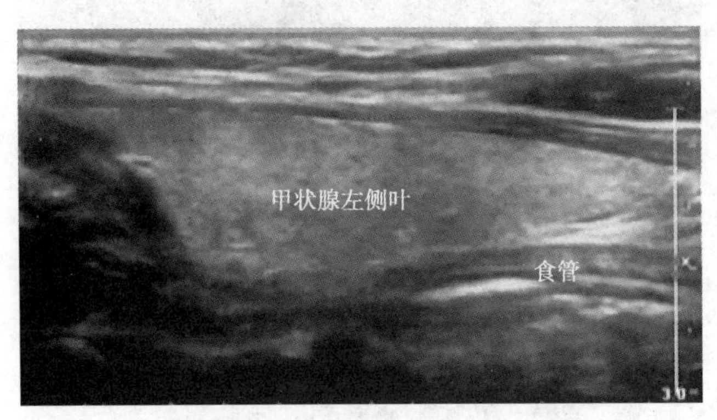

图 2-44　甲状腺左叶纵切声像图

3. 心脏

心脏超声检查包括二维、M 型、彩色多普勒、频谱多普勒等多种方法，其中二维超声检查是最基本最常用的方法。常规心脏超声检查时，一般首先选择二维超声检查显示心脏的结构形态、毗部关系，以及运动特点等，在二维超声的引导下，根据需要再进行 M 型、彩色和频谱多普勒的检查，以分析心脏整体和局部的结构及血流动力学状态，最后再对各种信息进行综合的分析判断，对受检者的心脏结构和功能状态做出准确判断。

（1）心脏简介。心脏是人体最重要的器官之一，位于胸腔中部偏左下方。女性的心脏通常要比男性的体积小且重量轻。人的心脏外形像桃子，位于横膈之上、两肺之间。

心脏由心肌构成，内部有四个空腔，上部两个是心房（左心房，右心房），下部两个是心室（左心室，右心室）。左右心房之间和左右心室之间均由间隔隔开，故互不相通。心脏内还有四个瓣膜，即连接左心室和主动脉的主动脉瓣、连接右心室和肺动脉的肺动脉瓣、连接左心房和左心室的二尖瓣、连接右心房和右心室的三尖瓣。它们均起单向阀门作用，使血液只能从一个方向流向另一个方向而不能倒流。心脏解剖结构如图 2–45 所示。

心脏的主要作用是推动血液流动，正常情况下，心脏通过其不断收缩与舒张将来自于左心室的血液射入主动脉，并推动血液运行，向人体各个器官提供营养物质及氧气来完成身体代谢的需求，进行代谢之后血液会沿上下腔静脉回流进入心脏。随后心脏再次通过右心室将静脉血泵入肺组织，使富含氧气的动脉血进入心脏，再次进行循环。

（2）心脏超声检查基本方法。心脏超声检查一般用专门配置的心脏探头（多为相控阵探头），探头频率要根据受检者体态及扫查方式进行调整，一般选择 5 MHz 探头。

心脏超声检查内容主要包括房室大小、血管内径、心功能、室壁厚度、血流速度、心内分流、瓣膜分流等。

1）扫查方位。心脏超声检查主要有两个基本扫查方位，即长轴和短轴，如图 2–46 所示。

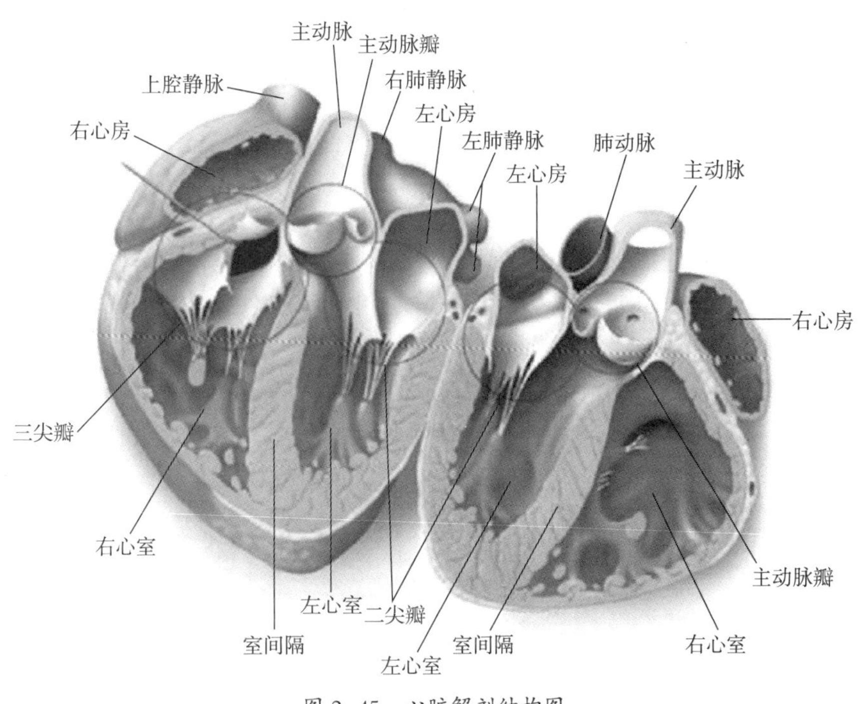

图 2–45　心脏解剖结构图

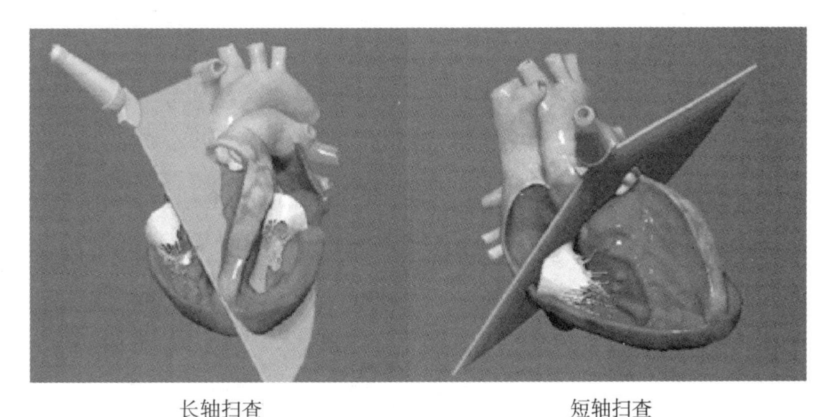

图 2–46　心脏超声扫查方位示意图

2）扫查声窗。心脏的全面超声检查需要灵活运用超声探头获取不同方位、不同角度的声像图，一般有以下几个常用的声窗。

①胸骨旁声窗。可获得左室长轴图、右室流入道长轴图、右室流出道长轴图、左

室心尖短轴图、左室乳头肌短轴图、左室二尖瓣腱索水平短轴图、左室流出道短轴图、主动脉短轴图、肺动脉分叉短轴图等。

②心尖区声窗。可获得心尖四心腔图、心尖五心腔图、心尖区冠状窦五腔图、心尖区左室长轴图、心尖区两心腔图。

③剑下区声窗。可获得剑下区下腔静脉长轴图、剑下四心腔图、剑下五心腔图、剑下左室长轴图、剑下右室流出道长轴图、剑下主动脉短轴图、剑下心房两腔图。

④胸骨上窝声窗。可获得胸骨上主动脉弓长轴图、胸骨上主动脉弓短轴图。

⑤经食道声窗。利用经食道探头获取心脏三维声像图。

3）心脏超声声像图

①胸骨旁左室长轴切面声像图。将探头置于受检者胸骨左缘第 3 ~ 第 4 肋间隙，探头标点指向 9 ~ 10 点方向，声束方向朝向右胸锁关节，如图 2–47 所示。可获得胸骨旁左室长轴观声像图，其显示的内容为右室、主动脉、左房、左室后壁、左室、室间隔、二尖瓣、主动脉瓣等，如图 2–48 所示。

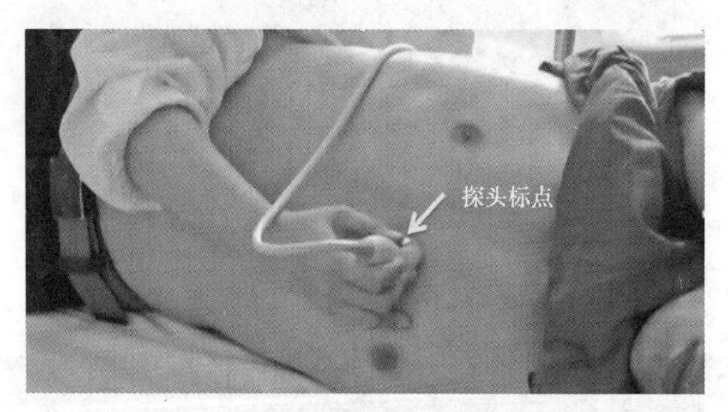

图 2–47　胸骨旁左室长轴切面扫查部位

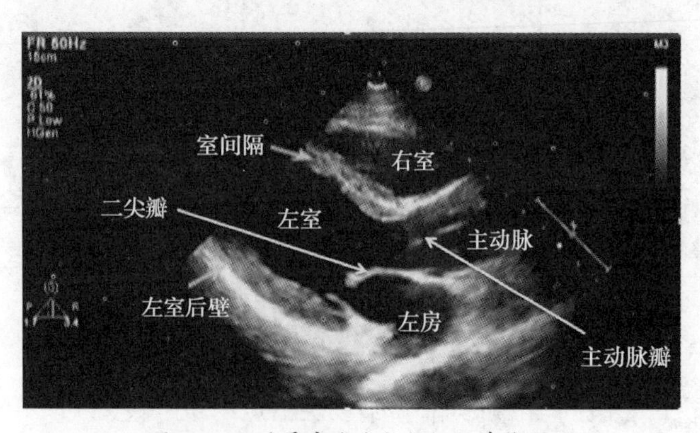

图 2–48　胸骨旁左室长轴切面声像图

②胸骨旁心底短轴切面声像图。探头于左室长轴切面的基础上，顺时针旋转 90°向上倾斜，探头标点指向 9～11 点方向，如图 2–49 所示。胸骨旁心底短轴观显示的内容为主动脉、右室、肺动脉、左房、房间隔、右房等，如图 2–50 所示。

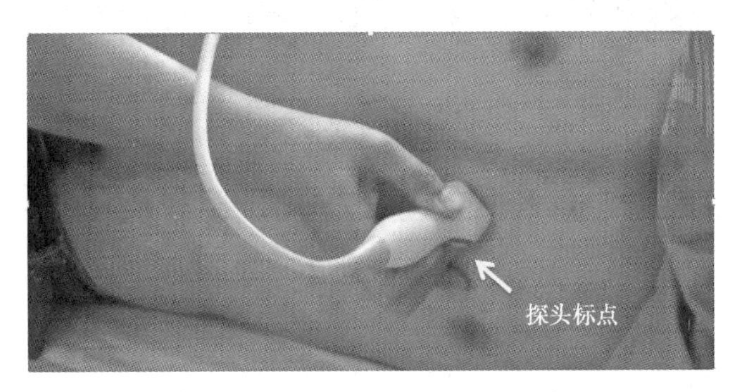

图 2–49　胸骨旁心底短轴切面扫查部位

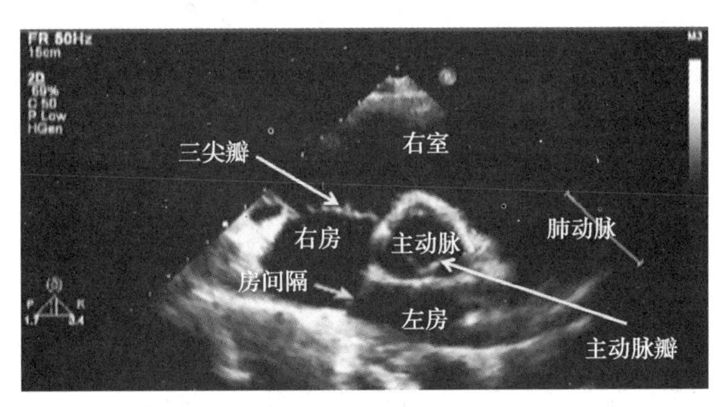

图 2–50　胸骨旁心底短轴切面声像图

③心尖四腔观声像图。将探头移至第 5 肋间隙心尖搏动处，探头标点指向 3 点方向，声束朝向右胸锁关节，如图 2–51 所示。心尖四腔观显示的内容为心脏 4 个腔室、房间隔、室间隔、二尖瓣、三尖瓣等，如图 2–52 所示。

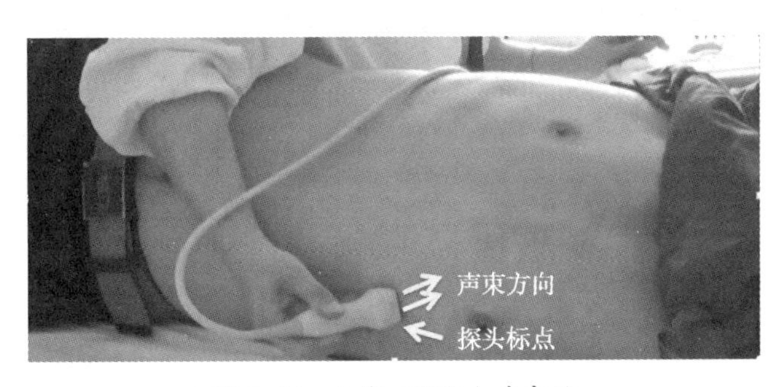

图 2–51　心尖四腔观扫查部位

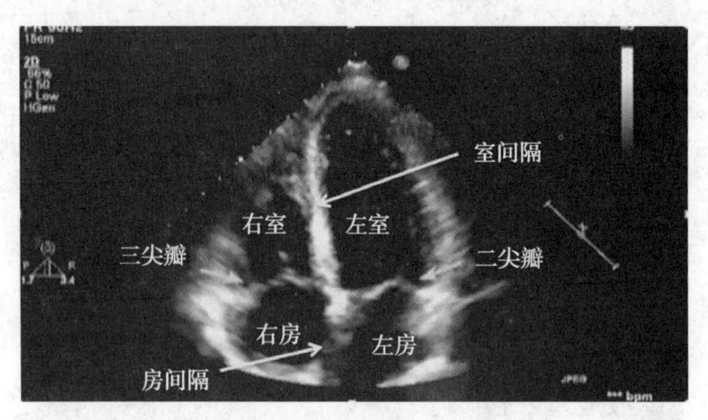

图 2-52　心尖四腔观声像图

④胸骨上窝主动脉弓长轴切面声像图。探头置于胸骨上窝扫查区，探头标点指向12 ~ 1 点方向，声束朝下，如图 2-53 所示。图像除了可显示升主动脉、主动脉弓、降主动脉、右肺动脉，还可以显示无名动脉、左颈总动脉、左锁骨下动脉等，如图 2-54 所示。

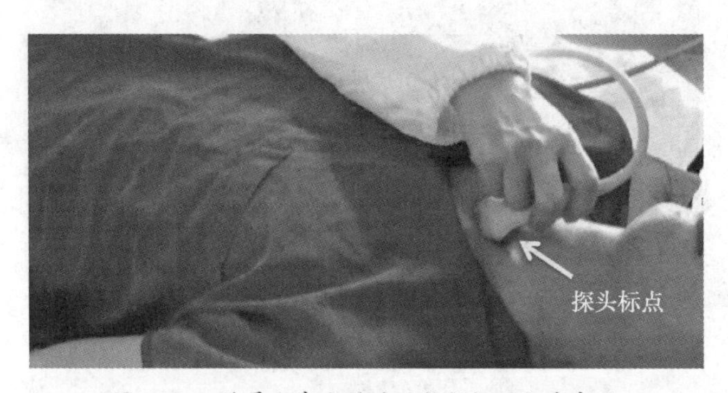

图 2-53　胸骨上窝主动脉弓长轴切面扫查部位

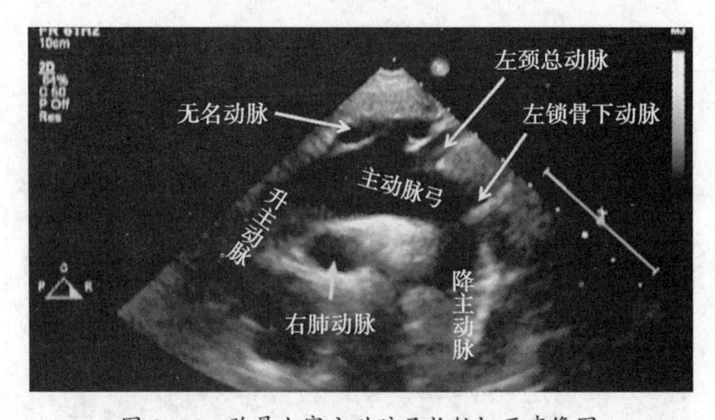

图 2-54　胸骨上窝主动脉弓长轴切面声像图

4. 血管

血管超声检查是指颈部动静脉、腹腔动静脉、四肢大动脉等血管的形态结构、血

流动力学检查。近年来，血管内超声、心血管三维超声成像等新技术的发展，进一步拓宽其应用范围，提高了诊断的敏感性与特异性。

（1）血管简介。血管是指血液流过的一系列管道，几乎遍布人体全身。血管按构造功能不同，分为动脉血管、静脉血管和毛细血管三种。动脉血管从心脏将血液带至身体组织，静脉血管将血液自组织间带回心脏，毛细血管则连接动脉血管与静脉血管，是血液与组织间物质交换的主要场所。

血液由心室射出，经动脉血管、毛细血管、静脉血管再环流入心房，不断循环，根据循环途径的不同，可分为大（体）循环和小（肺）循环。

大循环起始于左心室，左心室收缩，将富含氧气和营养物质的动脉血泵入主动脉，经各级动脉分支到达全身各部组织的毛细血管，与组织细胞进行物质交换，即血中的氧气和营养物质为组织细胞所吸收，组织细胞的代谢产物和二氧化碳等进入血液，形成静脉血。再经各级静脉血管，最后汇合成上、下腔静脉血管注入右心房。

小循环起于右心室，右心室收缩时，将大循环回流的血液（含代谢产物及二氧化碳的静脉血）泵入肺动脉，经肺动脉的各级分支到达肺泡周围的毛细血管网，通过毛细血管壁、肺泡壁与肺泡内的空气进行气体交换，即排出二氧化碳，摄入氧气，使血液变为富含氧气的动脉血，再经肺静脉回流于左心房。

1）动脉血管。动脉血管运送血液离开心脏，从心室发出后，反复分支，越分越细，最后移行于毛细血管。动脉血管管壁较厚，能承受较大的压力。体动脉中的血液含有较多的氧气，血色鲜红。肺动脉中的血液含有较多的二氧化碳，血色暗红。

①主动脉。主动脉是大循环中的动脉主干，全程可分为三段，即升主动脉、主动脉弓和降主动脉。降主动脉又可分为胸主动脉和腹主动脉，如图 2–55 所示。

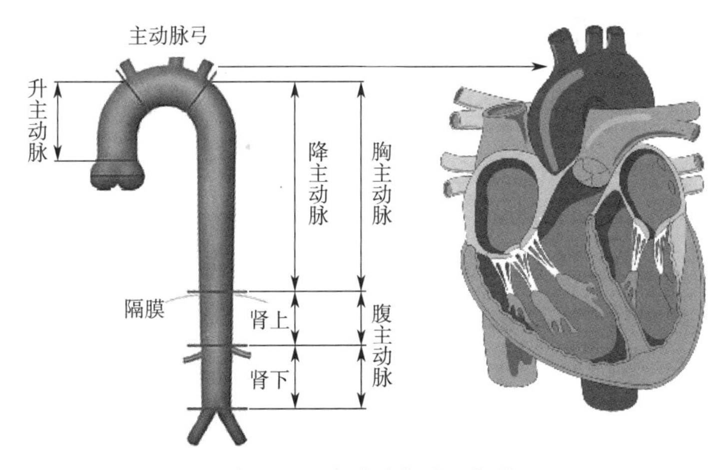

图 2–55　主动脉分段示意图

升主动脉起自左心室，主动脉弓是升主动脉的直接延续，呈弓形向左后方弯曲，到第4胸椎椎体的左侧移行为胸主动脉。胸主动脉是主动脉弓的直接延续，沿脊柱前方下降，穿过膈肌主动脉裂孔移行为腹主动脉。腹主动脉是胸主动脉的延续，沿脊柱前方下降，至第4腰椎平面分为左、右髂总动脉而终。

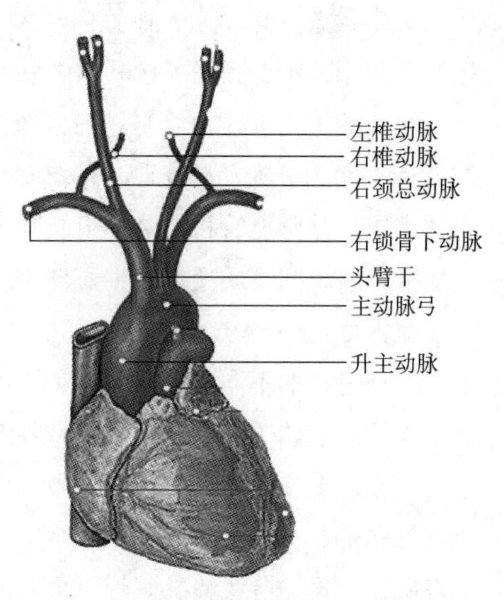

图 2–56　左右两侧颈总动脉起源示意图

②头颈部动脉。头颈部动脉主要来源于颈总动脉，少部分的分支从锁骨下动脉发出。左颈总动脉起源于主动脉弓，右颈总动脉起源于头臂干（无名动脉），如图 2–56 所示。两侧颈总动脉分别经过左、右胸锁关节的后方，沿气管和喉的外侧上升，至甲状软骨上缘处分为颈内动脉和颈外动脉。颈内动脉经颅底的颈动脉管入颅，分布于脑和视器。颈外动脉上行至下颌颈处分为颞浅动脉和上颌动脉两个终支。沿途的主要分支有甲状腺上动脉、舌动脉、面动脉等，分布于甲状腺、喉及头面部的浅、深层结构中，如图 2–57 所示。

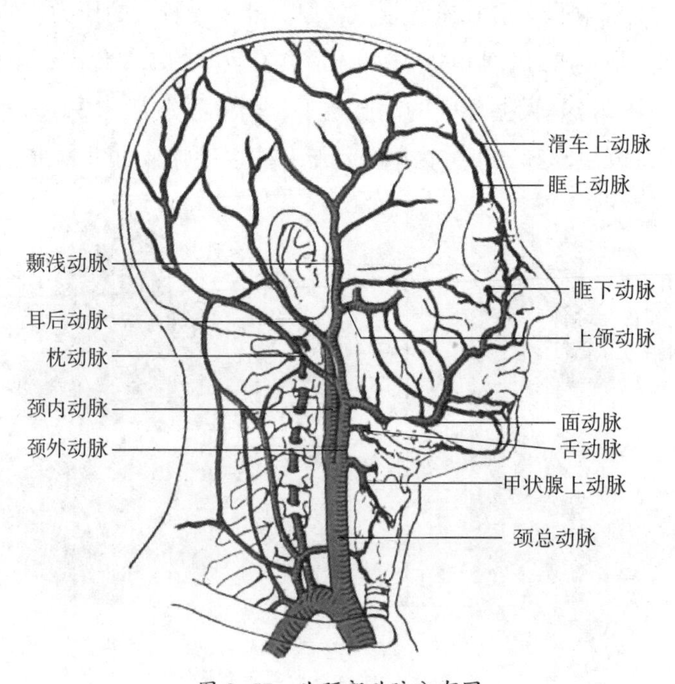

图 2–57　头颈部动脉分布图

2）静脉血管。静脉血管是血管系统中引导、输送血液返回心脏的管道，起于毛细血管，止于心房。静脉血管管壁薄，平滑肌和弹性纤维均较少，缺乏收缩性和弹性，管腔断面较扁。体静脉中的血液含有较多的二氧化碳，血色暗红；肺静脉中的血液含有较多的氧，血色鲜红。

3）毛细血管。毛细血管是管径最细（平均为 6 ~ 9 μm）、分布最广的血管，是连接微动脉和微静脉的血管。其管壁薄，通透性强，利于血液与组织之间进行物质交换。

（2）血管超声检查方法与声像图。以颈动脉为例，讲述血管超声成像的检查方法和声像图表现。

1）检查方法。受检者采取仰卧体位，双肩下垫枕，颈部尽量后伸，头部转向一侧，充分暴露检查侧颈部，如图 2–58 所示。

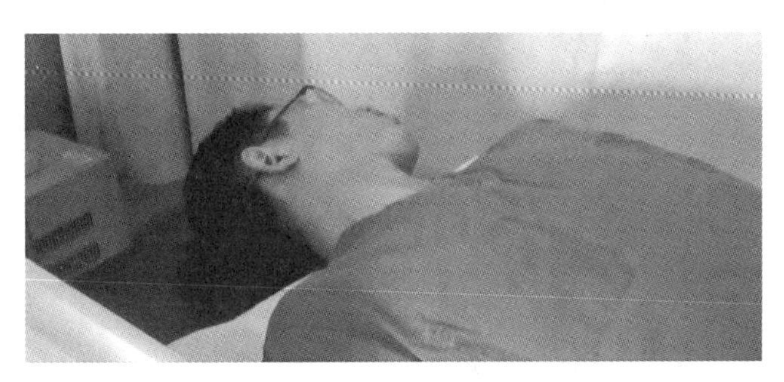

图 2–58　颈动脉检查体位示意图

选用频率 7.5 MHz 以上的高频线阵探头，仪器调节选取颈部血管检查的预设置条件，以获得高清晰度的血管二维超声图像。通过调整探头的方向，可获得长轴或短轴声像图。

2）颈动脉声像图。将探头调整到与颈动脉垂直方位，从颈根部开始逐渐向上平行移动探头，直至下颌角颈部的最高点，可连续动态获取颈总动脉、颈内动脉、颈外动脉的短轴声像图，如图 2–59 和图 2–60 所示。

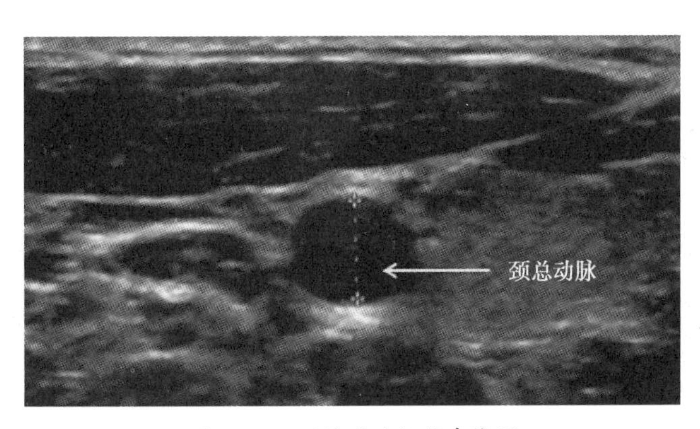

图 2–59　颈总动脉短轴声像图

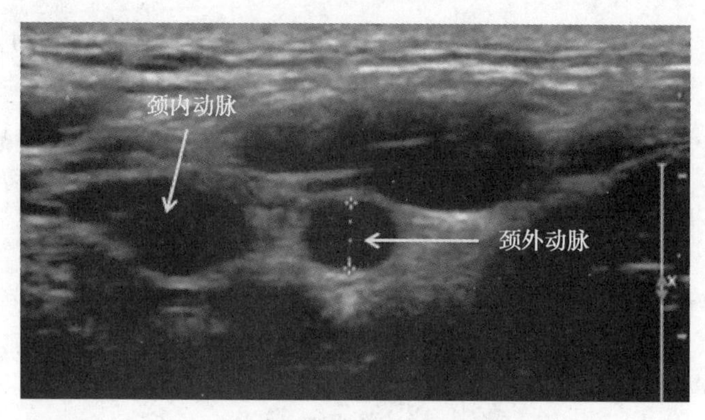

图 2-60　颈内动脉和颈外动脉声像图

调整探头到与颈动脉平行方位，找到颈动脉长轴，沿着颈动脉走行向上探查，可获得颈总动脉长轴声像图，如图 2-61 所示。

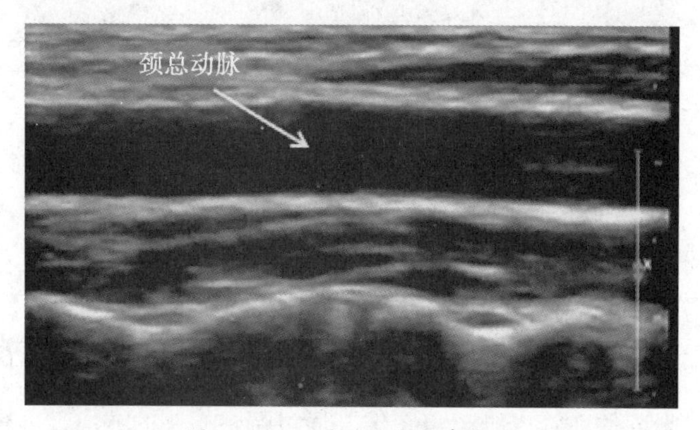

图 2-61　颈总动脉长轴声像图

开启彩色多普勒功能，显示管腔内彩色多普勒信号，如图 2-62 所示。开启脉冲频谱多普勒功能，将取样点置于血管中心，连续观察数个新的周期，选择最清晰的流速曲线来测量血流参数，如图 2-63 所示。

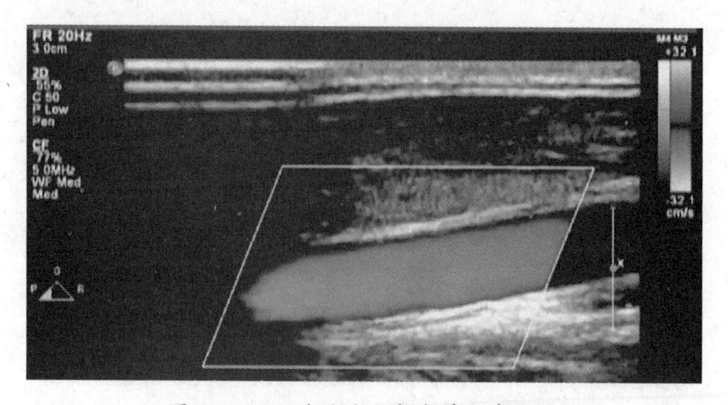

图 2-62　颈总动脉彩色多普勒声像图

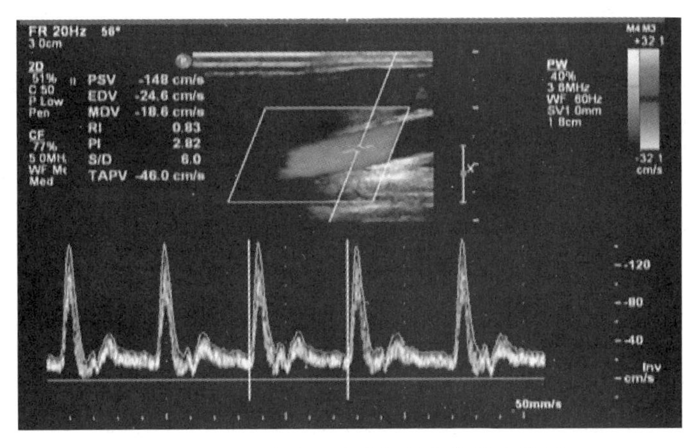

图 2-63　颈总动脉脉冲频谱多普勒声像图

三、主要参数

影响超声诊断仪质量的参数有很多，除了表征仪器性能的关键参数以外，还有一些可在操作面板上进行调节的操作参数。这些参数的正确调节，是保证仪器在运行中处于最佳状态、提供正确诊断信息的基础。

1. 性能参数

（1）分辨力。分辨力是指成像系统能分辨空间尺寸的能力，即能把两点区分开的最短距离，是衡量其质量好坏的重要指标，分辨力越高（即测得参数越小），越能显示出脏器的细小结构。超声诊断仪的分辨力分纵向分辨力和横向分辨力。如图 2-64 所示为纵向分辨力和横向分辨力方位图。

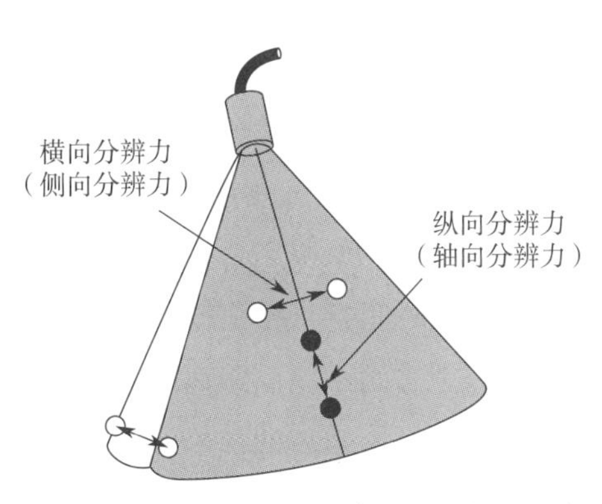

图 2-64　纵向分辨力和横向分辨力方位图

1）纵向分辨力。纵向分辨力也称为轴向分辨力，是指在图像显示中能够分辨纵向两个回波目标的最小距离。该值越小，声像图上纵向界面的层理越清晰。纵向分辨力与超声脉冲的有效脉宽（持续时间）和探头发射中心频率有关。脉冲越窄，中心频率越高，纵向分辨力越好。

2）横向分辨力。横向分辨力也称为侧向分辨力，是指在超声束的扫查平面内，垂直于声束轴线的方向上能够区分两个回波目标的最小距离。该值越小，声像图横向界面的层理越清晰。横向分辨力与声束宽度有关，声束越窄，横向分辨力越好。声束宽度与振元直径、工作频率有关，常采用声透镜、可变孔径技术、分段动态聚焦等方法提高横向分辨力。另外，横向分辨力还和系统动态范围、显示屏亮度、介质衰减系数等有关，因此在测量横向分辨力时，一定要将超声诊断仪的相应参数调到最佳状态。

（2）最大探测深度。最大探测深度是指超声诊断仪在图像正常显示允许的最大灵敏度和最大亮度条件下，能观测到的最大深度。该值越大，表明仪器具有越大的检查范围。影响这一性能的因素有以下几个。

1）换能器灵敏度。换能器在发射和接收超声波过程中，灵敏度越高，探测深度越大。灵敏度主要取决于振元的转换性能和匹配层的匹配状况。

2）发射功率。提高换能器的声功率可提高探测深度，提高声功率可以通过增大发射电压来实现，但必须限制声功率在安全剂量阈值内。

3）接收放大器增益。提高接收放大器增益可提高探测深度。放大器增益的提高，在放大弱信号的同时，也放大了系统噪声信号，因此增益要适中。

4）工作频率。生物体内组织的声衰减系数与频率成反比。频率越低，衰减越小，探测深度越大，但分辨力变差。相反，频率越高，探测深度越小，但分辨力变好。为了提高整机的工作性能，一般采用动态滤波技术，来兼顾分辨力和探测深度的合理应用。

（3）盲区。盲区是指超声诊断仪可以识别的最近回波目标深度。盲区小有利于检查出接近体表的病灶，这一性能主要受探头的构造参数与发射脉冲放大电路的特性影响。可以通过调节发射脉冲幅度或发射脉冲放大电路时间常数等来调整盲区大小。

（4）脉冲重复频率。单位时间内超声波发射的次数（或脉冲数）称为重复频率。脉冲重复频率决定了仪器的最大探测深度。

（5）脉冲持续时间。脉冲持续时间是指探头受电激励后产生的超声振动时间，其直接影响超声系统的纵向分辨力。当两个界面距离相隔很近时，如果发射脉冲持续时间长，则前一个回波的后沿将与后一个回波的前沿混在一起，以致无法分辨。脉冲持续时间长还影响对浅部位回波的分辨，这是因为主波的后沿将与回波的前沿混在一起。当施加于探头的电激励脉冲结束后，探头产生超声振动（称为振铃）时间越短越好，最好是激励脉冲结束时振荡立即停止。

（6）对比度分辨力。对比度分辨力是指在图像上能够检测出的回波幅度的最小差

别。对比度分辨力越好，图像的层次感越强，细节信息越丰富，图像越细腻柔和。对比度分辨力主要取决于声信号的频宽和显示灰阶。

（7）几何位置示值误差。几何位置示值误差是指超声诊断仪显示和测量实际目标尺寸和距离的准确度。在实际应用中主要测量纵向几何位置示值误差和横向几何位置示值误差。

（8）血流参数。多普勒血流成像系统中，需要关注的参数如下。

1）多普勒频谱信号灵敏度。多普勒频谱信号灵敏度是指能够从频谱中检测出的最小多普勒信号。

2）彩色血流灵敏度。彩色血流灵敏度是指能够从彩色血流成像中检测出的最小彩色血流信号。

3）血流探测深度。血流探测深度是指在多普勒血流显示、测量功能中，超过该深度即不能检出多普勒血流信号的最大深度。多普勒血流信号可以有三种表现方式，即彩色血流图像、频谱图和音频输出。

4）最大血流速度。最大血流速度是指在不计噪声影响的情况下，能够从取样容积中检测的血流最大速度。

5）血流速度示值误差。血流速度示值误差是指彩超从体模或试件中测得的散射（反射）体速度相对其设定值的相对误差。

6）血流方向识别能力。血流方向识别能力是指彩超辨别血流方向的能力，彩色显示中用红色和蓝色区分，频谱显示中用相对于基线的位置表达。

2. 操作参数

为了便于调节，获取最佳的影像，超声诊断仪的很多参数是可以通过操作面板上的旋钮或按键进行调整的。

（1）超声能量输出。超声能量输出常通过调节能量输出控制键来实现。一般标示为能量输出键或输出功率键，不同厂家和型号的仪器各有不同的标示。仪器面板或显示屏幕上标注的能量输出单位并非是标准的功率单位瓦特（W），而是分贝（dB）或最大输出功率的百分比。显示屏上成像参数区都会显示这一指标。超声波作用于生物组织，可以产生多种生物效应，有可能对人体产生伤害。因此，合理调节超声能量输出是正确操作的最基本要求。

（2）增益。超声诊断仪探头接收的反射信号很弱小，一定要经放大器放大后才能进行信号处理与图像显示。此放大器输出信号与输入信号功率比值的常用对数值乘以10，即为增益，单位为 dB。

1）总增益。每一台超声诊断仪都有总增益调节键，用于控制整个成像范围内的增益，同步调节各个深度、角度的增益。成像过程中应根据实际情况调节增益，以获得最佳图像。增益过高，会将噪声信号放大而出现假象；增益过低，则可能丢失有用的低回声信号。

2）深度增益补偿。超声波的强度随传播距离的增加而衰减，因此深部的反射信号强度低于浅部，成像后将会产生深部暗淡、浅部明亮的效果。为了获得均匀一致的图像，必须对深部回声信号进行深度增益补偿（DGC）。超声成像的深度本质上是超声波传播的时间，超声波发射－接收的时间越长，对应的成像位置越深。仪器实际上按照发射－接收时间进行补偿，因此 DGC 又称 TGC。深度增益补偿的调节以图像深、中、浅部强度均匀一致为准。

3）侧向增益补偿。由于人体组织声学特性的复杂性，即使在同一深度，不同部位的回声强度也不相同。因此，部分仪器除了在深度方向进行补偿外，还在水平方向进行补偿，即侧向增益补偿（LGC）。

（3）动态范围。动态范围（DR）是指超声诊断仪能接收处理的最高与最低回声信号比值的常用对数值乘以 20，单位是 dB。在图像中表现为所包含的“最暗”至“最亮”像素的范围，动态范围越大，信号量越大，声像图所能表现的层次越丰富，但是噪声也会增加，而信噪比并不提高。人体反射的超声信号动态范围很大，一般在 40～120 dB。这就要求超声诊断仪具有较大的动态范围，目前仪器接收信号的动态范围可以达到 180 dB 以上。调节动态范围可对重要的回声信号进行扩展显示，对非重要的信号则进行压缩或删除，既能兼顾低回声信号的提取，又能保证高回声信号的突出。动态范围过大时，图像较朦胧；动态范围过小时，图像则显得锐利、对比度高、颗粒粗。应根据受检者条件和检查目的选择适宜的动态范围，腹部脏器和小器官一般为 65～70 dB，心脏和血管一般为 55～60 dB，成像较困难的受检者可适当降低动态范围。

（4）聚焦。超声仪器中，对超声束进行聚焦是提高图像质量的重要手段。目前超声仪器中，主要采用实时动态电子聚焦来实现超声波在发射与接收过程中的全程聚焦。在控制面板上，发射聚焦的焦点位置和数量均可随时调节，将聚焦区域定于感兴趣深度，可以有效地提高横向分辨力，获得更加理想的图像，同时设置多个聚焦区能使图像更均匀，但聚焦点设置过多会导致图像帧频下降。

（5）灰阶。B 型超声图像以不同强度的光点反映回声信号的强弱，称作灰阶显示。由最暗到最亮可分成若干等级，称作灰阶。目前的超声诊断仪已经达到 64 级或 256 级灰阶，能完全满足诊断需要。显示屏的右上角或左上角有灰阶标尺，指示当前灰阶成像最暗到最亮的分级。适宜的灰阶设置使图像层次清晰，易于发现病变。

（6）多普勒角度。超声束与血流速度方向之间的夹角称为多普勒角度。多普勒系统检测到的速度只是血流速度沿声束方向的分量，必须经角度校正，即除以多普勒角

度的余弦值后才能获得实际血流速度。考虑到余弦函数曲线在大于 60° 时明显变得陡峭，随角度增大，余弦值变化更明显，因角度校正不当而产生的误差也将明显增加，测量重复性降低，因此在测量血流速度时要求多普勒角度控制在 60° 以内。

对于彩色多普勒血流成像，血流方向越接近垂直于声束方向，沿声束方向的血流速度分量越小，检测到的血流多普勒频移信号越低。因此操作过程中应尽量侧动探头，使血流方向尽可能平行于声束，以提高血流检测的敏感性。

（7）取样容积。脉冲多普勒取样容积大小的调整，主要指沿声束方向上的长度调整，一般具有 1 ~ 10 mm 的可调范围。而宽度就是声束直径，一般不可调。取样容积大小的调节，本质上就是改变接收脉冲的持续时间，接收脉冲持续时间越长，取样容积越大。取样容积的大小可影响检测结果，应与所检测的血管腔相适宜。取样容积过大，包含了血管壁结构甚至周围血管的血流，频谱中就会出现干扰、伪像或其他血管的血流速度信息。取样容积过小，仅能检测血管腔内某一层面的血流速度信息，所测血流速度代表性差。一般情况下，血管腔内近管壁的血流速度偏低，而管腔中心血流速度较高。

（8）壁滤波器。探头接收到的多普勒信号中除了来自血细胞的频移信号外，也包含来自房室壁、瓣膜或血管壁运动的低频信号，这些信号如不滤除，将会影响检测结果。壁滤波器是一个高通滤波器，将低速的血管壁、心肌运动信号及干扰滤除，只保留相对速度较高的血流信息。其他成像条件不变，随着滤波频率的增高，低速信号更多地被滤除。检测高速血流时，应调高壁滤波器滤波频率，尽量滤除血管壁、心肌的低速信号。检测低速血流时，应降低壁滤波器的滤波频率，如壁滤波器滤波频率过高，将会把真实的低速血流信号滤除。例如，检测静脉血流或动脉舒张期血流速度时，壁滤波器设置过高将会获得无血流或动脉阻力指数增高的结果。

（9）速度基线。改变彩色或脉冲频谱多普勒速度零基线的位置，可以增大单向速度量程，从而克服混叠现象；但是减小了反方向的速度量程，导致反方向易发生混叠。脉冲多普勒频谱的零基线位置下移，正向速度量程增加，反向速度量程减小；下移至最低位置时，正向速度量程增加一倍，反向速度量程为零。

（10）速度量程。根据采样定理，彩色或脉冲多普勒可测量的最大频移（速度）是脉冲重复频率（PRF）的一半。因此，调整多普勒可测量的速度范围（scale，也称作速度量程或速度标尺），本质上就是改变脉冲重复频率。大多数仪器以“scale”命名此键，少部分仪器以“PRF”命名此键。应根据被测血流速度选择合适的速度量程。高速血流选用高量程，否则将产生彩色或频谱混叠，或增加干扰信号；低速血流选用低量程，以增加血流检测的敏感性。

相关链接

扩大多普勒可测速度范围的方法

1. 减少取样深度

不论是彩色取样框还是脉冲多普勒取样容积，采样部位越浅，速度量程越大。

2. 选择低频探头或降低多普勒频率

取样深度不变时，多普勒探头频率越低，最大可测血流速度越高。

3. 增大多普勒角度

在多普勒系统速度量程并没有扩大的情况下，增大多普勒角度可使沿声束方向的速度分量减少，从而可以测量更大的血流速度而不发生混叠，这相当于增大了速度量程。

4. 移动零基线

改变零基线位置，可以单方向增大速度量程，但却牺牲了反方向的速度量程。

（11）多普勒帧频。帧频反映了多普勒系统的时间分辨力。增大帧频的方法包括：在获得足够信息的前提下尽量减小二维灰阶图像的成像范围（深度和角度）和减小彩色取样框，尽可能减小取样深度，关闭或减少不必要的各种图像处理功能（如降低帧平均等），减少焦点数，减少多普勒扫描密度，改变速度量程等。

（12）彩色取样框。彩色多普勒二维取样框的调节包括大小和倾斜角度两方面。在能覆盖检查目标的前提下，取样框应该尽量小，对于较大范围的检测目标，取样框不应一次性覆盖，而应移动取样框分部位检查。取样框过大，会降低彩色多普勒帧频和扫线密度，时间分辨力和空间分辨力均受影响，容易在检查时漏掉短暂的、小范围的异常血流信号。如果在深度方向上增大取样框，还会使多普勒速度量程缩小，更易出现彩色混叠。

超声所能检查的血管，其走行往往与体表平行，成像时声束近乎垂直于血流方向，显然不利于多普勒频移信号的采集。因此，超声束的指向对于彩色多普勒成像具有重要意义。线阵探头的多普勒声束指向可以在一定范围内改变，使取样框倾斜度发生变化，缩小多普勒声束与血流方向之间的多普勒角度，以利于多普勒频移信号的采集。多普勒效应“感知”的只是沿声束方向上的血流速度分量，声束与血流越平行，多普勒角度越小，多普勒效应“感知”的速度分量越大，检测血流的敏感性越高。因此，

对于平行于体表的血管，应尽量增大取样框倾斜角度，以增加血流显示的敏感性。然而，对于位置较深的血管，增大倾斜角度的同时也增大了超声传播距离，超声衰减也增加，反而不利于多普勒频移信号的检出，这对于高频探头尤其明显。因此，取样框倾斜角度的影响是双向的，对于浅表的血管，应尽量增大倾斜角度；对于位置较深的血管，倾斜角度不宜过大。

在临床应用过程中，以上阐述的参数并不是相互独立的。为了获得最佳的成像效果，或达到特定目的而突出某一特别的成像效果，需要综合调节多个功能键。

操作技能

肝声像图获取

操作准备

准备超声诊断仪、超声探头、检查床等。

操作步骤

步骤 1 根据检查部位选择合适的探头。

步骤 2 根据检查部位把仪器参数调节到合理范围，以获取清晰的声像图。

步骤 3 连续扫查肝，获取剑突下纵切、剑突下横切、右肋缘下斜切、肋间斜切共四幅声像图。

注意事项

1. 探头选择正确，参数调整合理。
2. 采用正确的扫查手法，过程规范流畅。
3. 有效保存获取的声像图。

甲状腺声像图获取

操作准备

准备超声诊断仪、超声探头、检查床等。

操作步骤

步骤 1 根据检查部位选择合适的探头。

步骤 2 根据检查部位把仪器参数调节到合理范围，以获取清晰的声像图。

步骤 3 连续扫查甲状腺，获取甲状腺全貌、右叶横切、左叶纵切共三幅声像图。

注意事项

1. 探头选择正确，参数调整合理。
2. 采用正确的扫查手法，过程规范流畅。
3. 有效保存获取的声像图。

颈动脉声像图获取

操作准备

准备超声诊断仪、超声探头、检查床等。

操作步骤

步骤 1 根据检查部位选择合适的探头。

步骤 2 根据检查部位把仪器参数调节到合理范围，以获取清晰的声像图。

步骤 3 连续扫查颈动脉，获取颈总动脉横切、颈内动脉颈外动脉横切、颈总动脉纵切共三幅声像图。

注意事项

1. 探头选择正确，参数调整合理。
2. 采用正确的扫查手法，过程规范流畅。
3. 有效保存获取的声像图。

培训任务 3

超声诊断仪保养与维护

使用要点与保养维护前准备工作

超声诊断仪使用时，要注意其运行条件，保养维护前也要做一些相应的准备工作。

一、超声诊断仪使用要点

1. 操作环境及场所要求

超声诊断仪使用时，对其操作环境及场所有以下基本要求，这里说明的是对温度、湿度等要求，因各生产厂家设计不同，会有一些差别。

（1）温度：10 ~ 30 ℃。

（2）压力：70 ~ 106 kPa。

（3）湿度：30% ~ 80%。

（4）检查室：无太阳直接照射，空气对流良好，周围无大功率的电磁场干扰源。

（5）电源：独立插座，且插座具备接地条件。

2. 仪器检查

（1）确认仪器及稳压器上电源开关置于“OFF”后，方可将插头插入电源插座。

（2）检查连接电缆、电线等连接状态和仪器控制键的设定位置，以确认仪器处于可正常动作的状态。

（3）检查电源电压是否稳定，是否与其他电气装置连同使用，这些都会影响超声诊断仪的性能。

3. 注意事项

（1）使用中注意事项

1）开机后，应注意仪器发出的机械声音是否正常，并观察自检程序是否运行正常。

2）应时刻观察主机、显示屏和受检者是否处于正常状态。

3）一旦出现突然断电现象，应立即将仪器电源置于“OFF”位置；待电压稳定后再重新开机。

4）仪器突然自动停机，应断掉电源，请专业维修人员查明原因。

（2）关机注意事项

1）仪器使用完毕，按照说明书流程有序关机，不得强行切断电源。

2）先关闭仪器电源开关，后关闭稳压器电源开关，再切断电源。

3）待仪器充分散热后，用仪器罩将其盖好。

二、保养与维护前准备工作

1. 设定工作区域

保养与维护超声诊断仪需要一个合适的环境与场所，除了要满足与使用环境接近的环境条件和电源条件以外（环境湿度应在50%～70%之间，以免产生静电而击穿芯片等器件），还要有合适的场所，场所内要有防静电工作台，保养与维护区域地面要进行防静电处理，场所要放置指示牌。

2. 加标锁定

超声诊断仪在保养与维护间歇期或维修人员离开时应进行加标锁定，达到警示他人、有效隔离设备与电源的作用。

（1）加标锁具。加标锁定的标牌和锁具根据加锁对象不同而各异，如空气开关锁具、插头锁具等。如图3–1所示为比较常用的标牌、锁具及配件。其中，锁具并不是单人使用的，解锁后放到指定处。

（2）加标锁定顺序。通常的顺序是关机→切断电源（包括清除残留能源）→上锁→填写加标锁定警示牌（包括锁定人员姓名工号、联系方式及锁定原因）→核查。

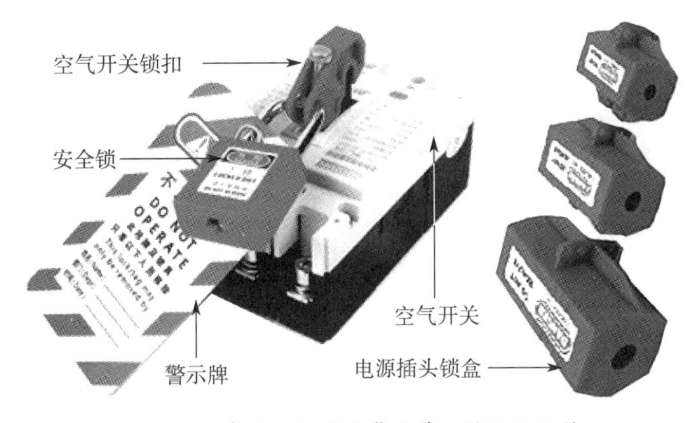

图 3-1　常用加标锁定警示牌、锁具及配件

3. 备份

（1）备份的定义与作用。备份是容灾的基础，是指为防止系统出现操作失误或系统故障导致数据丢失，而将全部或部分数据集合从应用主机的硬盘或阵列复制到其他存储介质的过程。传统的数据备份主要是采用内置或外置的存储介质进行冷备份。但是这种方式只能防止操作失误等人为故障，而且其需要较长的恢复时间。随着技术的不断发展、数据的海量增加，很多企业开始采用网络备份。网络备份一般通过专业的数据存储管理软件结合相应的硬件和存储设备来实现。备份的主要作用是后备支援和替补。

（2）备份的分类。备份可以分为系统备份和数据备份。

1）系统备份。系统备份是指为了避免用户操作系统因磁盘损伤或损坏，计算机病毒侵入、人为误删除等原因造成计算机操作系统不能正常引导，将操作系统事先复制储存于他处，用于故障的后备支援。

2）数据备份。数据备份是指用户将数据（包括文件、数据库、应用程序等）复制储存于他处，以备数据恢复时使用。超声诊断仪保养和维护时，要进行开机密码、用户配置文件、用户数据等备份。

操作技能

数据的备份及恢复

操作准备

准备超声诊断仪、超声探头、移动硬盘、保养手册等。

操作步骤

步骤 1 按照保养手册要求找到设备的开机密码和软件版本号，并记录。

步骤 2 按照保养手册要求逐步进入网络设置，找到 IP 地址和子网掩码。

步骤 3 按照保养手册要求逐步进入 DICOM 设置，记录 AE title（应用实体名）、端口号。

步骤 4 用移动硬盘备份用户设置、日志档案和用户数据。

注意事项

1. 按照步骤规范操作，注意每个步骤的细节。

2. 开机密码、软件版本、网络和 DICOM 设置的进入符合不同机型的保养手册规范。

3. 备份过程符合保养手册规范。

学习单元 2

组件日常保养与维护

一、探头保养与维护

1. 日常使用注意事项

超声探头是超声诊断仪最重要的部件，使用前应认真阅读探头使用说明书，严格遵守探头的使用规定，在安装和拆下探头时应先关闭整机主电源，然后谨慎进行操作，使用前应认真检查探头外壳、线缆是否有破损，以防探头工作高压电击伤人，在使用过程中必须小心轻放，不得碰撞声头。

2. 清洁

探头使用后，将超声耦合剂擦拭干净。清洁探头时，可用较温和的洗涤剂和湿润柔软的抹布清洁。探头应保持清洁。

3. 消毒

（1）流程。超声探头消毒流程如图 3–2 所示。

（2）注意事项

1）不要使用含酒精、漂白粉、氯化铵、氧化氢的溶液来清洗消毒探头，此类物质将对探头造成不可修复的损坏。

2）避免将探头与含有矿物油或羊毛脂的溶液或耦合剂接触。

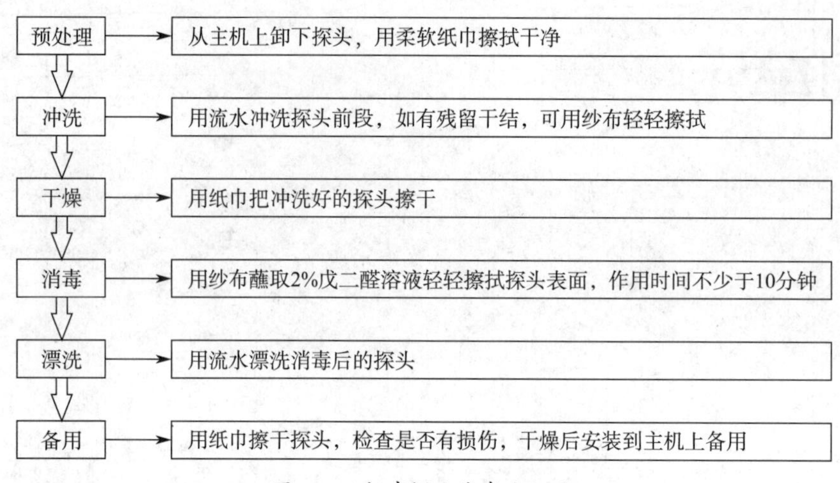

图 3-2　超声探头消毒流程图

3）清洗水温不应超过 55 ℃。

4）如果采用浸泡清洁或消毒，浸泡液面不能超过声头与外壳结合部。

5）清洗消毒过程中避免对探头造成震动或冲击，也不要使电缆过度弯曲或拉伸。

6）清洁消毒人员应做好个人防护。

二、显示器保养与维护

1. 日常使用注意事项

（1）在符合要求的环境下工作。

（2）保持使用环境的清洁卫生。灰尘会引起内部电路失效，灰尘过多还可能影响散热，导致元件老化，影响显示器的使用寿命。

（3）不要让液体溅入显示器内部。

（4）避免与化学药品的接触，腐蚀性气体可能导致主板元件损坏。

（5）液晶显示器表面有多层薄膜，严禁用锐器刻画，搬动时应避免碰撞、震动。

（6）严禁随意拆卸液晶显示器，如遇故障务必请专业人员检查与维修。

（7）长时间不用应关闭显示器电源，拔掉电源插头。

2. 清洁

（1）清洁显示器应选用合适的清洁液和清洁工具。因酸性或碱性的溶液对屏幕都有损害，所以要选中性清洁液、超细纤维原料制成的清洁布。清洁布要封边、原色，不能有磨毛。还要备一个软毛刷，用于清洁外壳。

（2）清洁前要关闭电源，取下电源线，不要带电清洁。

（3）显示屏清洁时，如屏上灰尘较多时，先用干的清洁布将灰尘掸去，再把清洁液均匀喷洒在清洁布上，静待几秒，让清洁液完全渗入清洁布，然后轻轻顺着同一个方向擦拭。遇到顽渍，则向同一个方向多擦拭几次，不可来回反复擦拭，力度不能过大，不要用力挤压显示屏。要注意的是清洁剂不能往清洁布上喷洒太多，否则擦拭时会有液体溢出。

（4）清洁外壳时，先用软毛刷清扫灰尘，要留意散热孔的灰尘。去除灰尘后，用清洁布加清洁液仔细擦拭，注意清洁布的湿度，避免液体流入散热孔。

3. 支撑部分调节

超声诊断仪显示器与主机间有机械支撑装置，使用过程中有时需要进行一些调节，也要对这部分进行保养。下面以迈瑞 DC-3 彩超为例，进行具体讲解。

（1）俯仰调节。超声诊断仪显示器支撑部位一般都设有显示屏俯仰角度调节功能，该功能是通过显示器左侧下方的操作拨杆实现的，具体位置如图 3-3a 所示。当拨杆在最右位置时处于工作状态，此时可以调节显示器与支撑臂的角度，俯仰都可进行 20° 的调节，如图 3-3b 所示。当机器包装运输或移动时，可向左拨动拨杆，显示器可放平，如图 3-3c 所示。

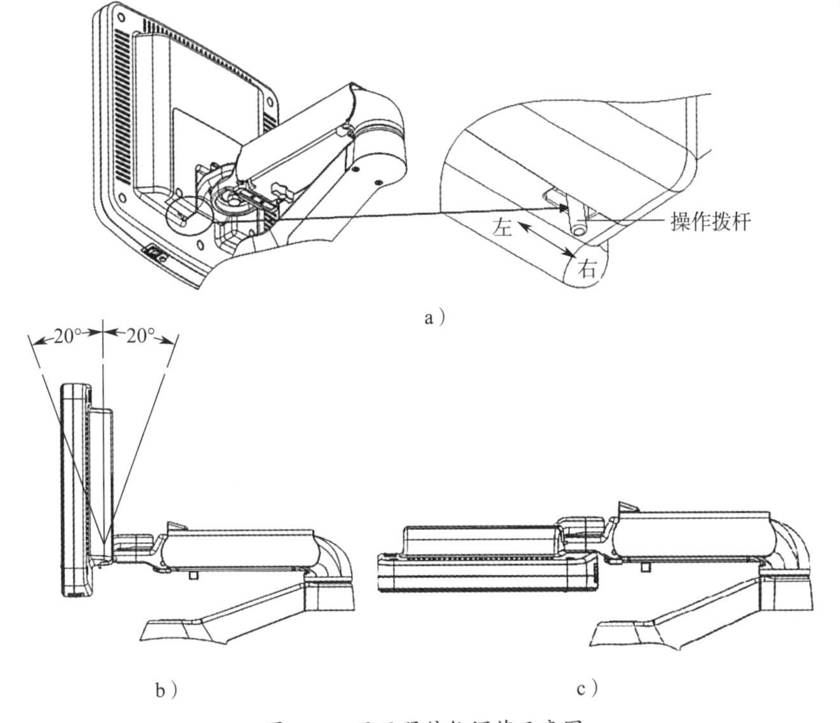

图 3-3 显示器俯仰调节示意图

a）操作拨杆示意图 b）俯仰角度调节示意图 c）显示器放平示意图

（2）上支撑臂俯仰调节。显示器支撑臂下方有个锁止扳手，如图 3-4 所示，扳手在“锁”位置时，支撑臂不能移动；在“开”位置时，支撑臂可以自由俯仰。

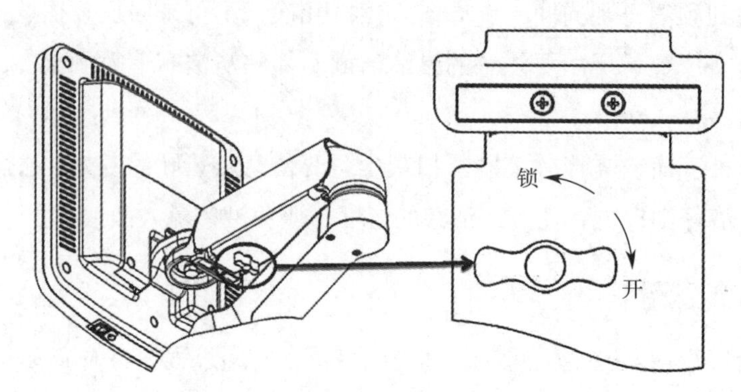

图 3-4　显示器支撑臂俯仰调节示意图

（3）支撑臂空气弹簧力值调节。显示器的升降是通过空气弹簧来实现的，其弹力要调节到合适的力值才不会出现自由下落（弹力小）或上升（弹力大）的情况。空气弹簧力可以通过支撑臂下方的调节螺钉进行调节，如图 3-5 所示。当调节螺钉处于最紧或最松位置仍无法把空气弹簧调节到平衡位置时，就需要更换空气弹簧。

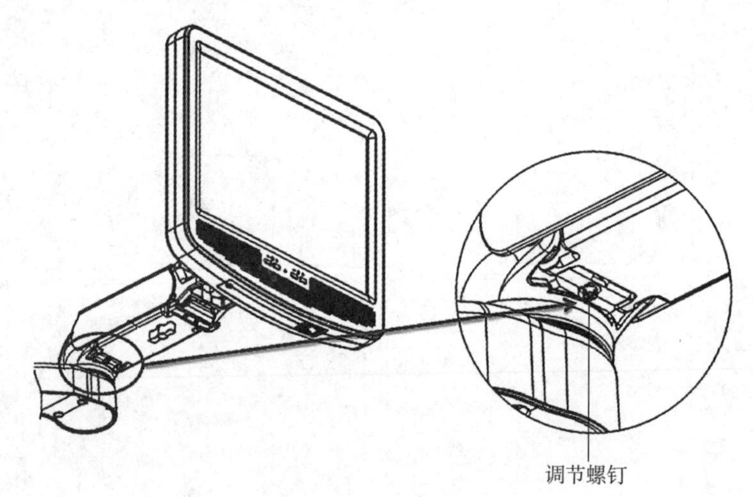

图 3-5　显示器支撑臂空气弹簧力值调节示意图

三、控制面板保养与维护

超声诊断仪的控制面板是人机对话的媒介，使用频繁，其保养与维护非常重要。

1. 日常使用注意事项

（1）日常使用时注意控制面板的清洁卫生，由于控制面板上的键盘四周有很多缝

隙，很容易进入灰尘，严重时会造成键盘失灵，甚至会出现系统故障。

（2）单击按键或调整旋钮时不要用力过猛，避免出现机械故障。

（3）不要让液体进入控制面板内。

2. 日常保养与维护

（1）超声诊断仪每天使用后都要对控制面板进行日常清洁，常用的方法是用电吹风冷风吹一吹或用清洁布擦拭，并用罩布盖上。

（2）超声诊断仪使用 3 ~ 6 个月（根据使用环境不同）后要进行内部清理，即按照保养手册上的规范步骤拆下轨迹球、编码器旋钮机上盖，对轨迹球、键盘内部、编码器等部位进行清洁。下面以迈瑞 DC-3 彩超为例，介绍轨迹球的保养方法。

1）拆卸。用双手按住轨迹球压圈上凸点，顺时针旋转压圈 45°，压圈升起，即可取出压圈和轨迹球体，如图 3-6a 所示。

2）清洁。用干净柔软的干布或纸清洁轨迹球内的长轴和轴承，同时清洁球体，如图 3-6b 所示。

3）安装。把轨迹球球体放入凹处，将压圈的卡扣对准轨迹球上盖缺口放入，用双手压住压圈上凸点，逆时针旋转压圈 45°，此时卡扣会卡住压圈左右凸点，安装完成，如图 3-6c 所示。

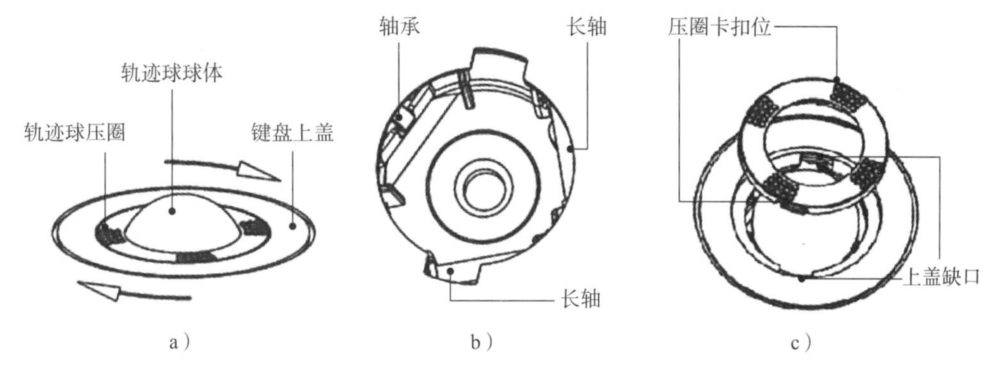

图 3-6　轨迹球拆卸、清洁和安装示意图
a）拆卸　b）清洁　c）安装

操作技能

超声诊断仪探头的日常保养与维护

操作准备

准备超声诊断仪、超声探头、电工工具、清洁用品（软布、毛刷、吸尘器）等。

操作步骤

步骤 1 关机，断开电源，拆下所有探头。

步骤 2 按照规范要求进行探头清洗。

步骤 3 按照规范要求进行探头消毒。

步骤 4 保养完成后连接到主机上，通电，开机测试。

注意事项

1. 按照服务手册要求规范操作，注意每个步骤的细节。
2. 清洁消毒人员应做好个人防护。

超声诊断仪轨迹球的日常保养与维护

操作准备

准备超声诊断仪、清洁用品（软布、毛刷、吸尘器）等。

操作步骤

步骤 1 关机，断开电源，按照规范步骤拆卸轨迹球。

步骤 2 对球体及腔体进行规范清洁。

步骤 3 按照规范步骤安装轨迹球。

步骤 4 通电，开机测试。

注意事项

1. 按照服务手册要求规范操作，注意每个步骤的细节。
2. 拆卸和安装时不要用力过猛。
3. 做好适当防护措施，以免球体掉落造成损坏。

学习单元 3

主机保养与维护

主机是超声诊断仪的核心，超声的发射和接收、信号处理、图像形成与处理、系统控制、图像传输与显示等都离不开主机。下面以迈瑞 DC-3 彩超为例，介绍主机的日常保养与维护。

一、主机清洁

超声诊断仪主机一般清洁流程如图 3-7 所示。

二、主机拆卸

主机某些部件的日常保养需要先进行拆卸，下面介绍几个关键部件的拆卸方法。

1. 防尘网拆卸

防尘网拆卸示意图如图 3-8 所示。

2. 主机前壳拆卸

（1）从脚踏板下方拆下固定在主机架底座的组合螺钉 M4×8（3 颗），向机器的前方稍用力拖出脚踏板组件，如图 3-9 所示。

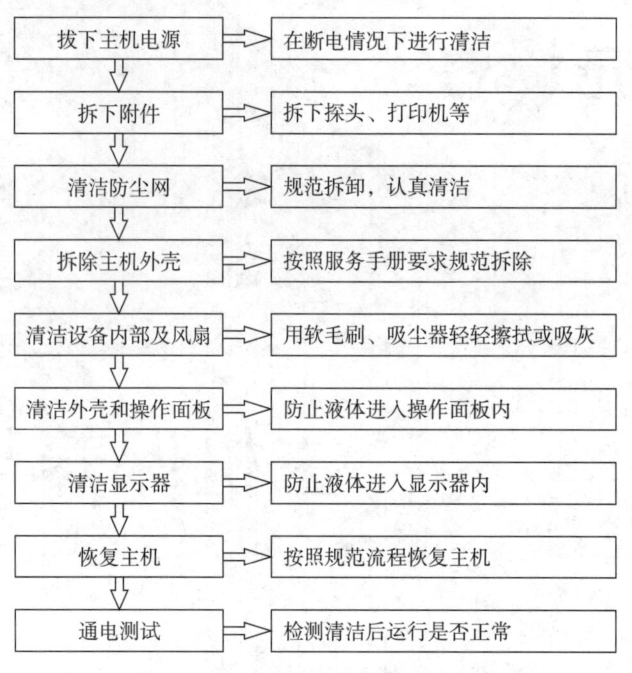

图 3-7　超声诊断仪主机清洁流程图

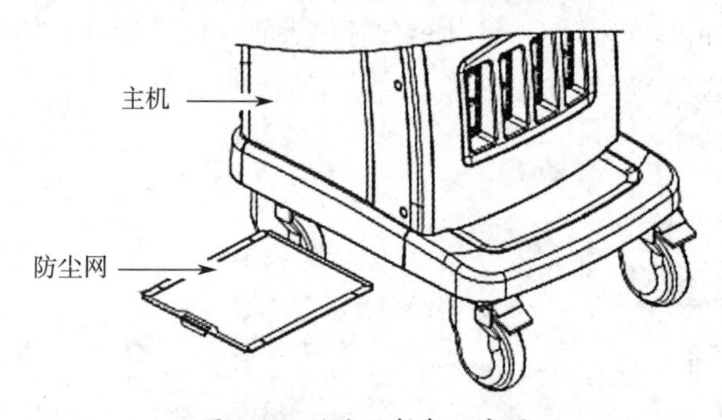

图 3-8　防尘网拆卸示意图

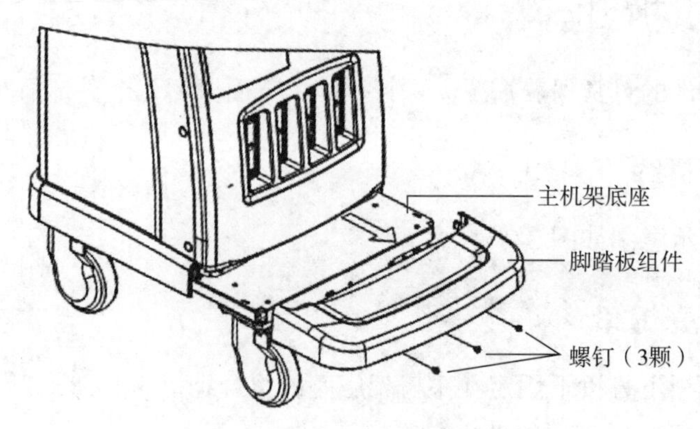

图 3-9　主机前壳拆卸示意图 1

（2）取出安装在左 / 右侧板上的螺钉塞子（左右各 3 个），拆下固定在机架两侧相应的组合螺钉 M4 × 8（左右各 3 颗），在主机前壳下方拆下固定在主机架的组合螺钉 M4 × 8（4 颗），稍向下方移动，当上方的扣位脱出后取下主机前壳，如图 3–10 所示。

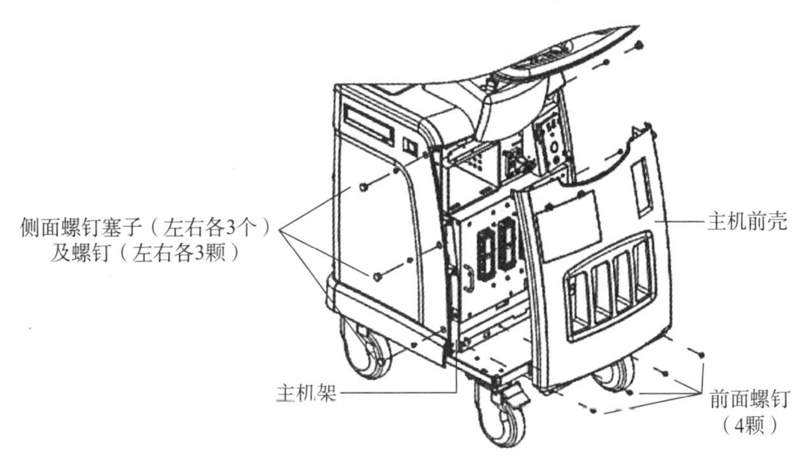

图 3–10　主机前壳拆卸示意图 2

3. 主机后壳拆卸

从主机后壳下方拆下固定在机架的组合螺钉 M4 × 8（3 颗），从设备后方取出安装在主机后壳螺钉孔中的螺钉塞子（7 个），并从中拆下固定在机架上的相应组合螺钉 M4 × 8（7 颗），从而取下主机后壳，如图 3–11 所示。

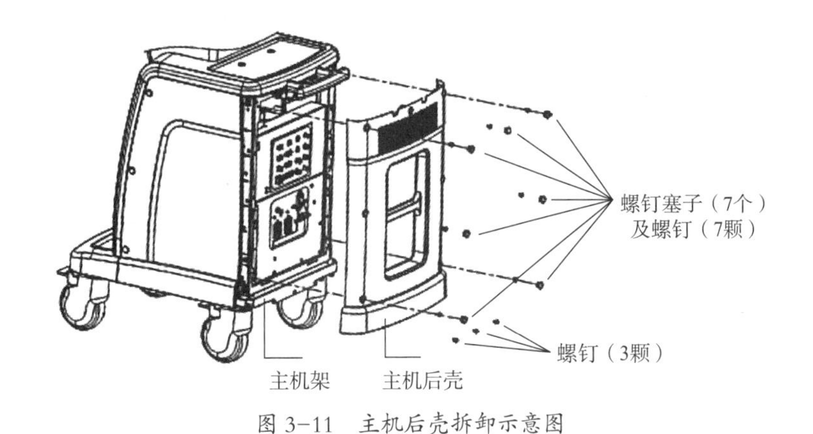

图 3–11　主机后壳拆卸示意图

4. IO 组件拆卸

拆开主机后壳后，拆下固定在 IO 组件上的组合螺钉 M4 × 8（4 颗），即可向外在 90° 范围内转动 IO 组件。如果需要拆下 IO 组件就需拔掉连接线缆，稍向上抬起该组件，让其脱离机架轴就可完成拆卸。IO 组件拆卸过程如图 3–12 所示。

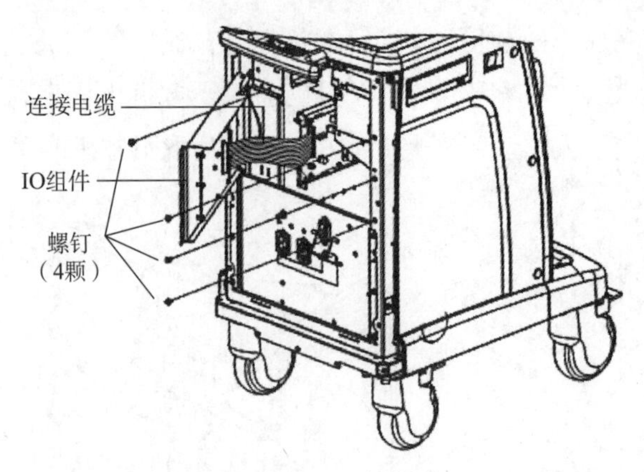

图 3-12　IO 组件拆卸示意图

5. 电源输入组件拆卸

（1）拆开主机后壳后，拆下固定电源组件的组合螺钉 M4 × 8（左右各 3 颗）。

（2）将电源输入组件翻转 90°，并将其下端两个支耳插入机架下方的长方形的孔中。

（3）如果需要拆下电源输入组件，就需要拆下固定在机架底座上的组合螺钉 M4 × 8（5 颗），拔掉连接线缆，完成电源输入组件的拆卸。

电源输入组件拆卸过程如图 3-13 所示。

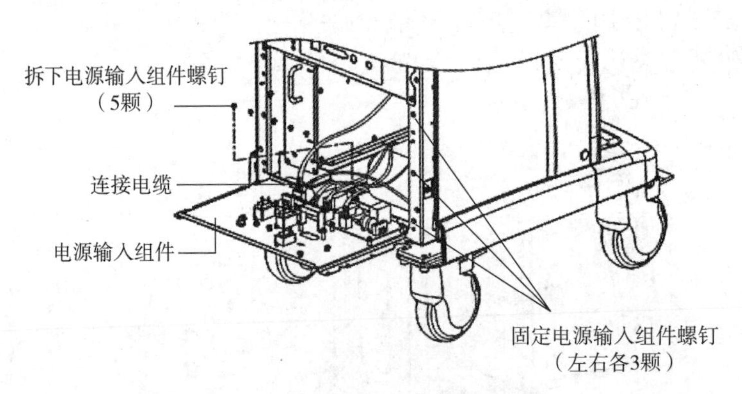

图 3-13　电源输入组件拆卸示意图

6. 电源适配器拆卸

在上述组件拆卸的基础上，拆下固定电源适配器支架上的组合螺钉 M4 × 12（2 颗），稍微向上移动支架即可取下支架和电源适配器，拔掉适配器与主机箱之间的连接插头，如图 3-14 所示。

7. 主机箱组件拆卸

（1）在上述组件拆卸的基础上，从主机前方拆下固定主机箱组件的组合螺钉

M4×8（4 颗），如图 3-15 所示。

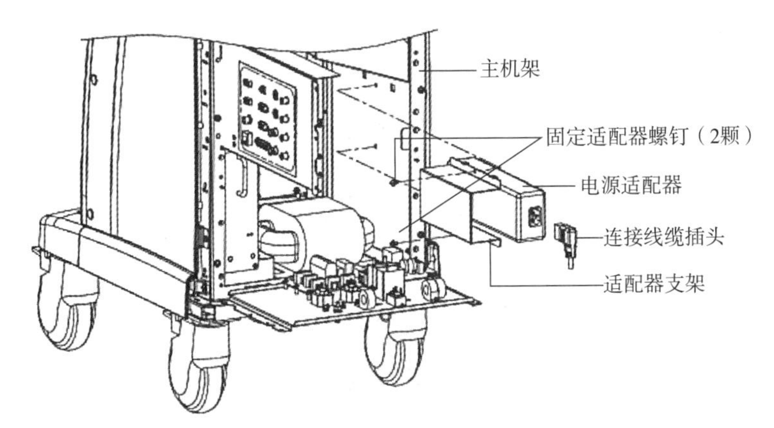

图 3-14　电源适配器拆卸示意图

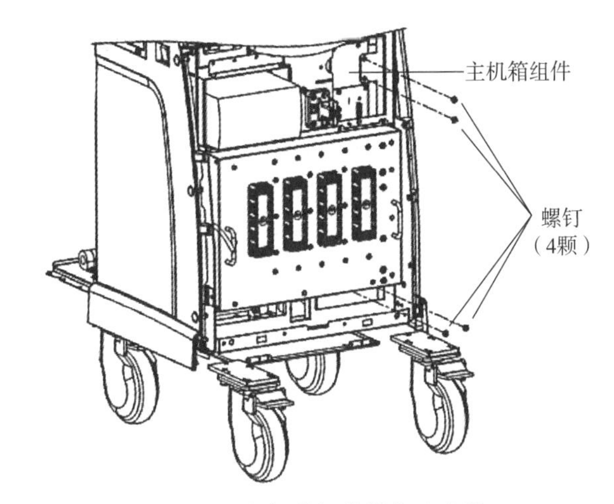

图 3-15　主机箱组件拆卸示意图 1

（2）从主机后方拆下 IO 组件，拆下固定主机箱组件的组合螺钉 M4×8（3 颗）和固定线材螺钉 M4×8（1 颗），如图 3-16 所示。

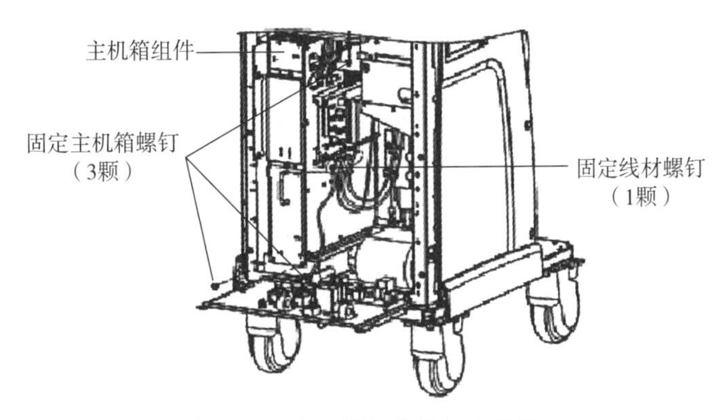

图 3-16　主机箱组件拆卸示意图 2

（3）抓住主机箱把手，缓慢向外拉出主机箱组件，拔掉主机箱上方的网络插头和电源线插头，如图 3–17 所示。

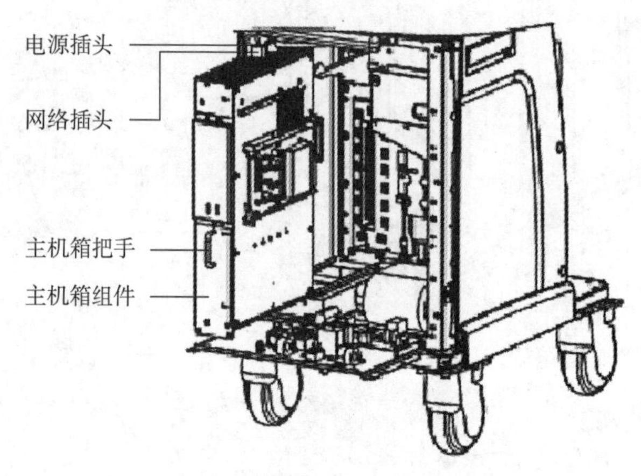

图 3–17　主机箱组件拆卸示意图 3

8. 主机箱散热风扇拆卸

（1）在拆卸主机箱组件基础上，拆下主机箱盖板。

（2）拔掉风扇线缆插头，拆下固定风扇组件的组合螺钉 M3 × 8（4 颗），稍微向内侧旋转，向上取出散热风扇组件，如图 3–18 所示。

（3）若要更换风扇，需剪掉固定磁环扎线，拆下固定风扇罩的螺钉（上下各 4 颗），取下风扇罩和风扇，如图 3–19 所示。

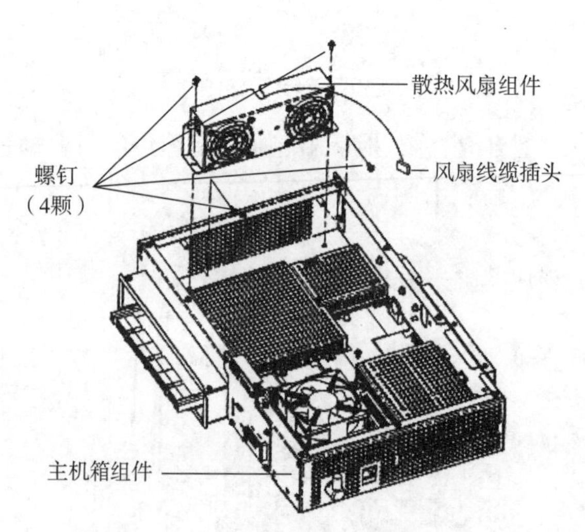

图 3–18　主机箱散热风扇组件拆卸图

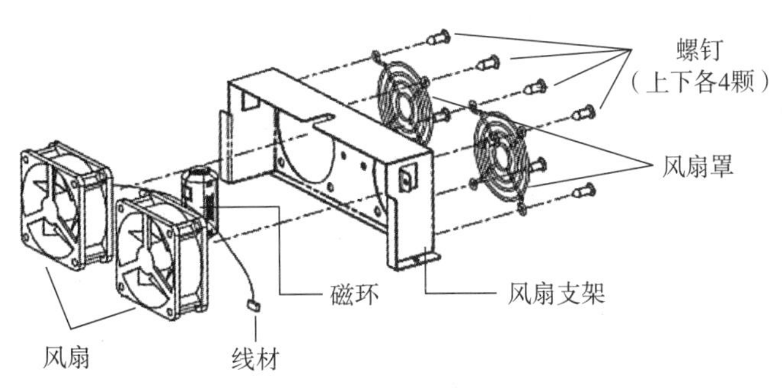

图 3-19　散热风扇更换拆卸示意图

9. 探头板拆卸

（1）拆下主机前壳。

（2）拆下固定探头板组件的组合螺钉 M4 × 8（8 颗），手抓住两个把手，向外平稳地拖出探头板组件，如图 3–20 所示。

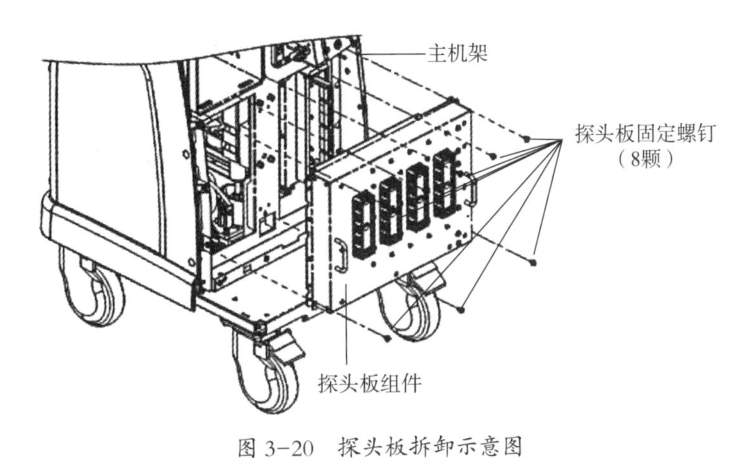

图 3-20　探头板拆卸示意图

10. 探头控制板拆卸

（1）拆卸探头板组件后，拆下固定探头板屏蔽盖板的组合螺钉 M4 × 8（10 颗），取下屏蔽盖。

（2）拆下固定探头控制板的组合螺钉 M3 × 8（6 颗），向外垂直轻轻拔出探头控制板，使探头板三个连接器与探头控制板脱离。

探头控制板拆卸示意图如图 3–21 所示。

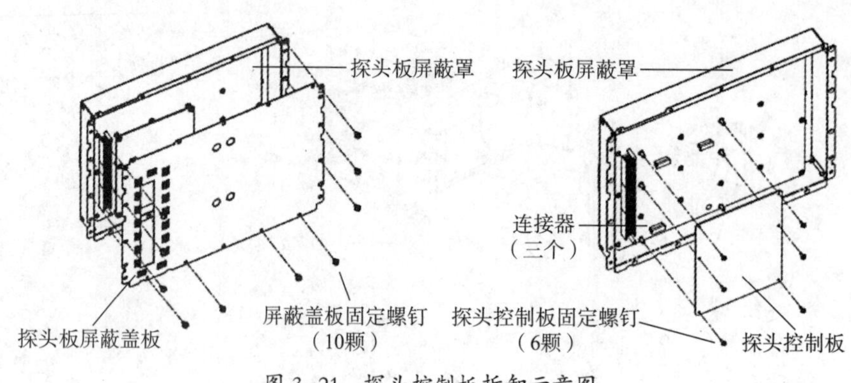

图 3-21 探头控制板拆卸示意图

操作技能

超声诊断仪主机箱散热风扇的日常保养与维护

操作准备

准备超声诊断仪、电工工具、清洁用品（软布、毛刷、吸尘器）等。

操作步骤

步骤 1 关机，断开电源，按照规范步骤拆卸前后壳。

步骤 2 按照规范步骤拆卸主机箱。

步骤 3 按照规范步骤拆卸主机箱风扇组件。

步骤 4 进行风扇的清理。

步骤 5 将拆卸的组件安装回主机，并通电测试。

注意事项

1. 按照服务手册要求规范操作，注意每个步骤的细节。
2. 拆卸和安装要井然有序，不要遗留螺钉。
3. 恢复后一定要进行相应的通电测试，确保保养维护后可正常使用。

整机保养与维护

一、外部环境的日常保养与维护

1. 供电电源

开机前检查电源电压是否在正常范围内（220 V ± 10%），尤其是配有不间断电源的机器，一定要在不间断电源正常工作后再打开超声诊断仪。当电源电压波动超过220 V ± 10%时，应马上关闭电源，停止工作。

2. 保护地线

定期检查保护地线，由于操作者和受检者都要直接接触超声诊断仪，为防止漏电伤及人员，必须定期检查保护地线是否连接正常，接地电阻是否达到安全要求（一般要小于 4 Ω）。

3. 环境卫生

定期清洁超声诊断仪及周边卫生。机器外部清洁应坚持每天进行，不能用具有腐蚀性和有机类物质擦拭仪器。

4. 电缆维护

在确认仪器没有通电的情况下，进行电缆的可靠连接检查和导电接触面的清洁。

当导电接触面有锈蚀或污物时，应使用专用清洗剂清洗，严禁用砂布或其他金属物件打磨，并且不能用手直接接触，以免汗渍造成锈蚀。

二、整机检测与维护

1. 功能检查

超声诊断仪功能检查也是日常保养的重要环节，具体流程如图 3-22 所示。

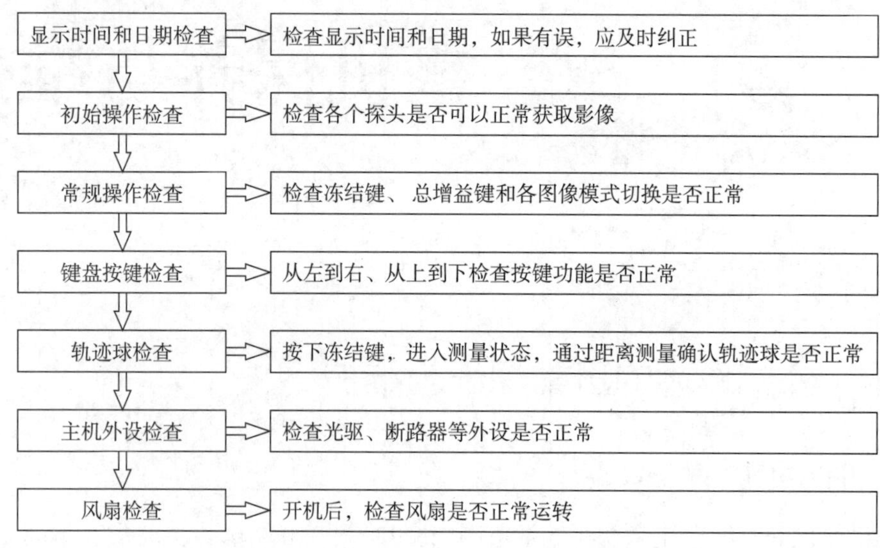

图 3-22　功能检查流程图

2. 安全检测

（1）电气安全检测。电气安全检测步骤如图 3-23 所示，图中的标准限值根据各生产企业的标准不同可能略有差异，但都应满足国家或国际标准。

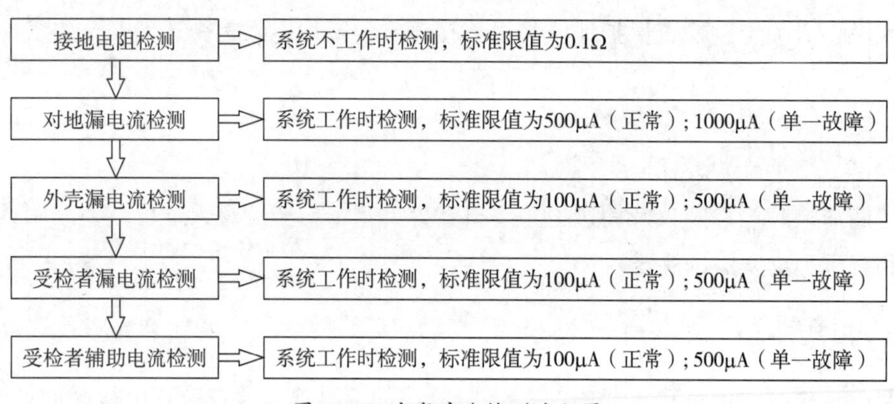

图 3-23　电气安全检测流程图

进行各个电气安全参数检测时，应使用符合国家或国际标准的检测仪器，采用的检测仪器不同，检测的方法有所不同，应仔细阅读仪器使用说明书，规范检测。

（2）机械安全检查。机械安全检查步骤如图 3–24 所示。

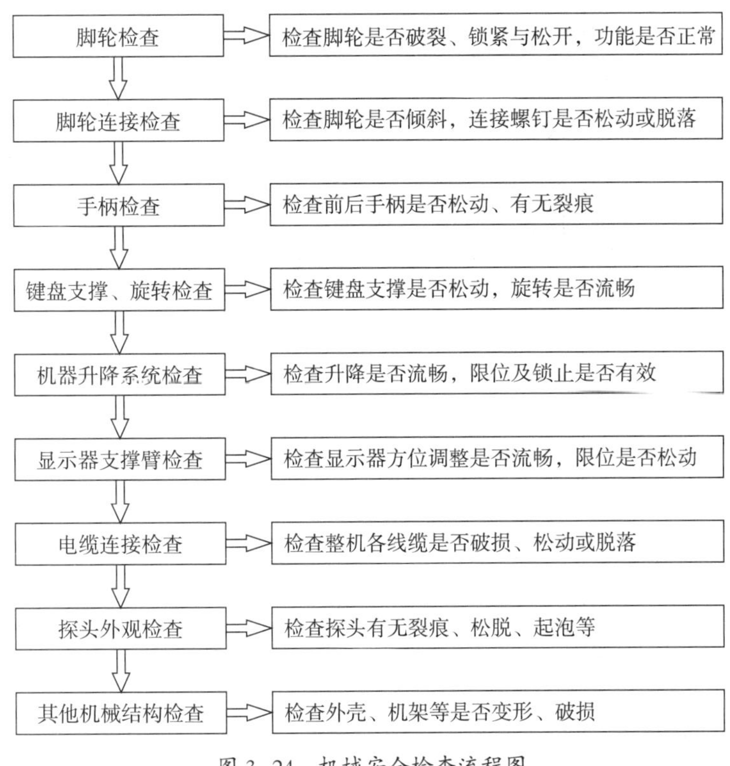

图 3–24　机械安全检查流程图

3. 图像检测

图像检测是指检测超声诊断仪的性能参数，这些参数直接影响成像质量。

（1）黑白图像性能参数。常用于评估黑白图像性能的参数有分辨力、盲区、最大探测深度、几何示值误差等。

1）仿组织超声体模。如图 3–25 所示是两种常见的仿组织超声体模，是检测灰阶图像表征参数的装置，图 3–25a 是我国中科院 KS107 系列仿组织超声体模；图 3–25b 是美国 Gammex Sono 系列仿组织超声体模。

体模内充满仿人体组织材料，材料内嵌埋有满足不同检测需求的靶线群和仿囊、仿肿瘤、仿结石等模型，如图 3–26 所示为 KS107BD 超声体模内部分布图。

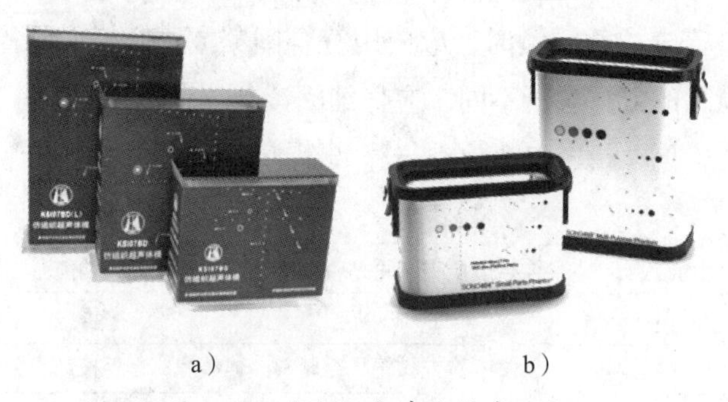

a） b）

图 3–25 仿组织超声体模外观图

a）KS107 系列仿组织超声体模 b）Sono 系列仿组织超声体模

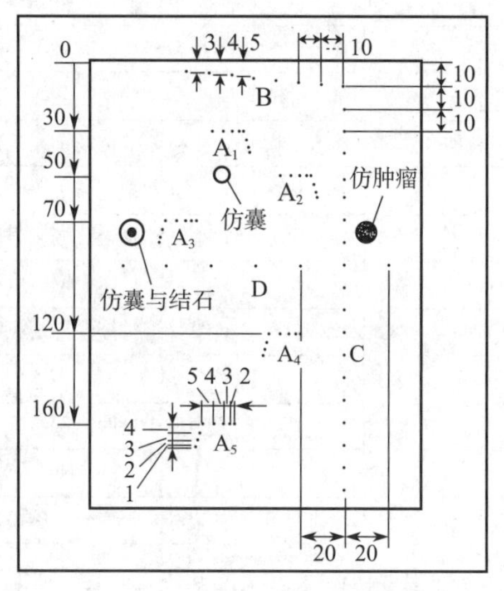

图 3–26 KS107BD 超声体模内部分布图

图 3–26 中，$A_1 \sim A_5$ 为横纵向分辨力靶群：其横向分支分别距声窗 30 mm、50 mm、70 mm、120 mm 和 160 mm，A_1 和 A_2 两群中两相邻靶线中心水平距离依次为 1 mm、5 mm、4 mm、3 mm、2 mm，$A_3 \sim A_5$ 三群中则依次为 5 mm、4 mm、3 mm、2 mm；纵向分支中两相邻靶线中心垂直距离分别为 4 mm、3 mm、2 mm、1 mm。B 为盲区靶群：相邻靶线中心横向间距均为 10 mm，至声窗距离分别为 10 mm、9 mm、8 mm、7 mm、6 mm、5 mm、4 mm、3 mm。C 为纵向靶群：共含靶线 19 条，相邻两线中心距离均为 10 mm。D 为横向靶群：共含靶线 7 条，相邻两线中心距离均为 20 mm。

2）参数检测。以检测分辨力为例，讲解参数检测具体步骤。

①将探头对准某个纵向分辨力靶群或横向分辨力靶群。

②降低总增益，根据靶群所在深度减弱 TGC（或 STC、DGC）。

③降低亮度，保持较高的对比度。

④聚焦调节置于或靠近被检靶群所在深度。

⑤通过上述调节，将所测深度附近仿组织材料背向散射光点隐没，并保持靶线图像清晰可见。

⑥小范围平动探头，并轻微俯仰，读取所能分辨（即靶线图像之间亮度与背景相同）的最小靶线间隙，即为该深度处的纵向或横向分辨力。

如图 3–27 所示为分辨力检测例图，本次检测结果纵向分辨力为 2 mm，横向分辨力为 3 mm。

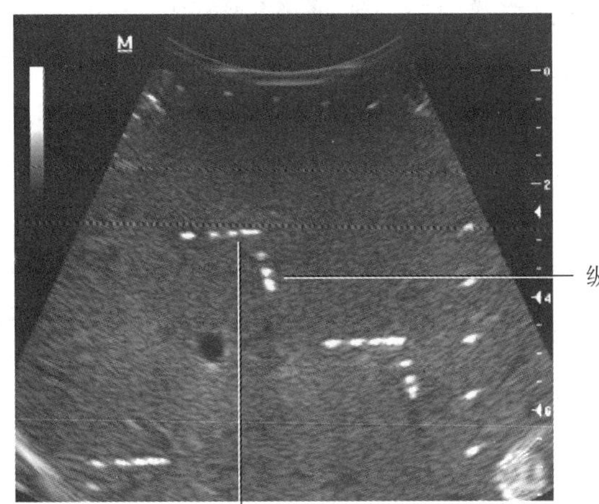

图 3–27 分辨力检测例图

（2）彩色多普勒血流参数。常用于评估彩色多普勒血流成像性能的参数有彩色血流灵敏度、血流探测深度、血流速度示值误差、血流方向分辨力等。

1）彩色多普勒血流体模。如图 3–28 所示为 Gammex 1425 型彩色多普勒血流体模外观及内部分布图。

2）血流参数检测。下面以检测血流探测深度为例，讲解血流参数检测具体步骤。

①将体模设置到产生中等流量的脉动或连续的流动。

②将彩色超声多普勒成像仪设置为彩色模式，向体模水槽内倒入适量蒸馏水或涂抹适量耦合剂。

③扫描有角度的血管，从浅的一端开始并沿着血管移动，直到流动波形消失在噪声中，此时信号消失的深度就是血流探测深度。

④在流量从低到高的范围内，重复上面的测试，并记录结果。

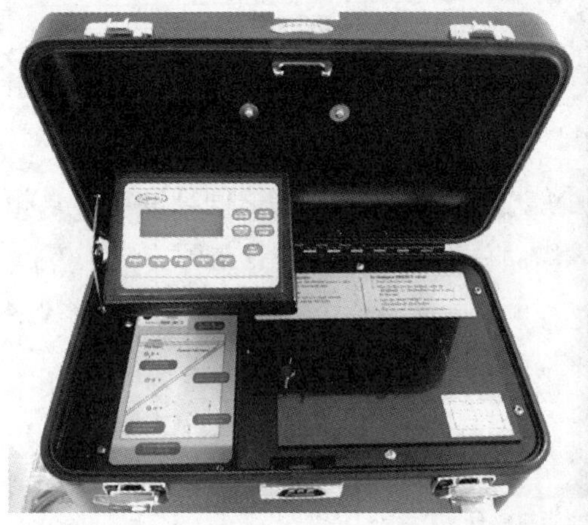
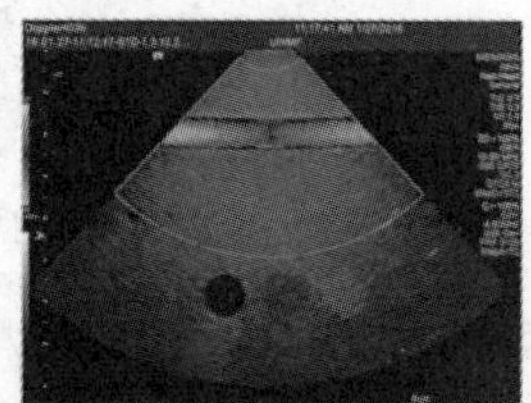
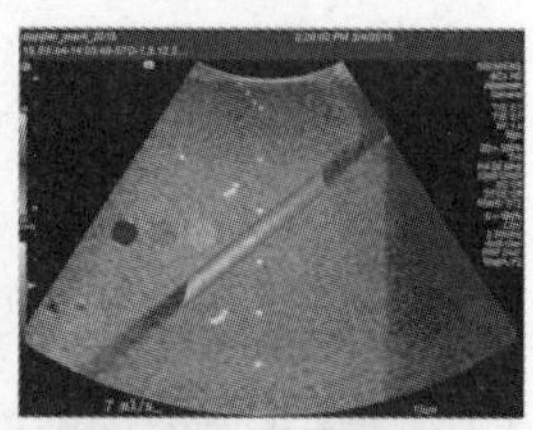
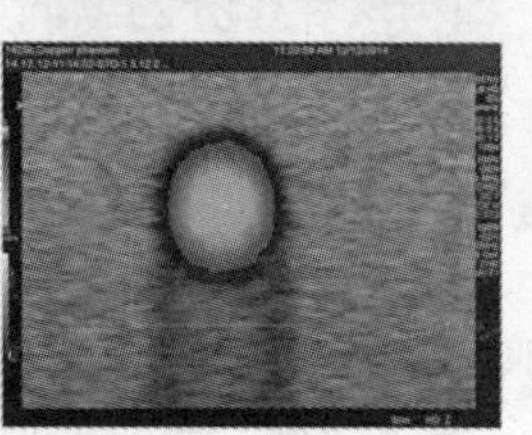
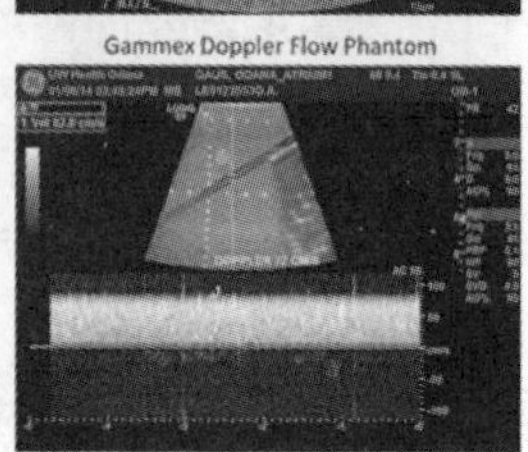

图 3-28　Gammex 1425 型彩色多普勒血流体模外观及内部分布图

4. 软件维护

软件也是超声诊断仪重要的组成部分，整个系统的运转、功能的实现都是由软硬件共同配合来完成的。下面以迈瑞 DC-3 彩超为例，讲解软件维护。

（1）设备启动

1）BIOS（基本输入输出系统）引导过程。从开机开始到屏幕下方蓝色进度条介绍，并出现公司 logo（标志）。

2）Windows 引导过程。从出现公司标志到第二个进度条结束。

3）超声软件引导过程。从屏幕下方出现圆角蓝色进度条开始到结束，并进入超声系统操作界面。

（2）进入预置状态。按“setup”键，出现“预置”菜单，如图 3-29 所示。

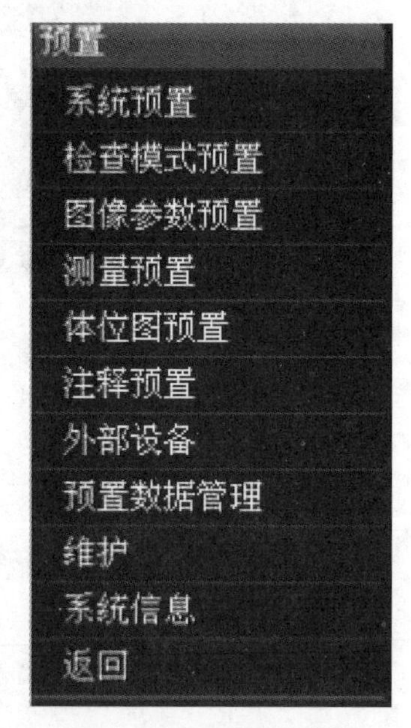

图 3-29　“预置”菜单

在这个界面可以进入检查模式预置、图像参数预置等各种预置界面，也可以进入预置数据管理、维护、系统信息等界面。

（3）系统信息查询。在“预置”菜单中把光标移动到“系统信息”上，按“set”键，弹出“系统信息”对话框，如图 3-30 所示。

在此对话框中可以查询到系统软件版本、MAC 地址等信息，在进行软件维护前后都要对系统信息进行确认。

（4）预置数据管理。在“预置”菜单中单击“预置数据管理”，进入“预置数据管理”对话框，如图 3-31 所示。

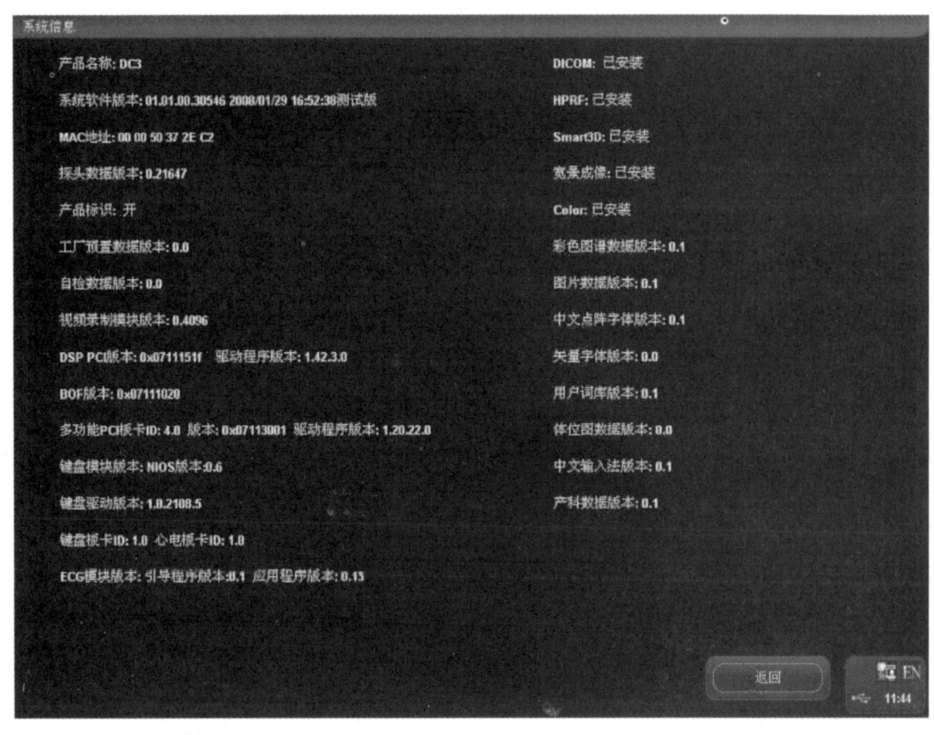

图 3-30 “系统信息”对话框

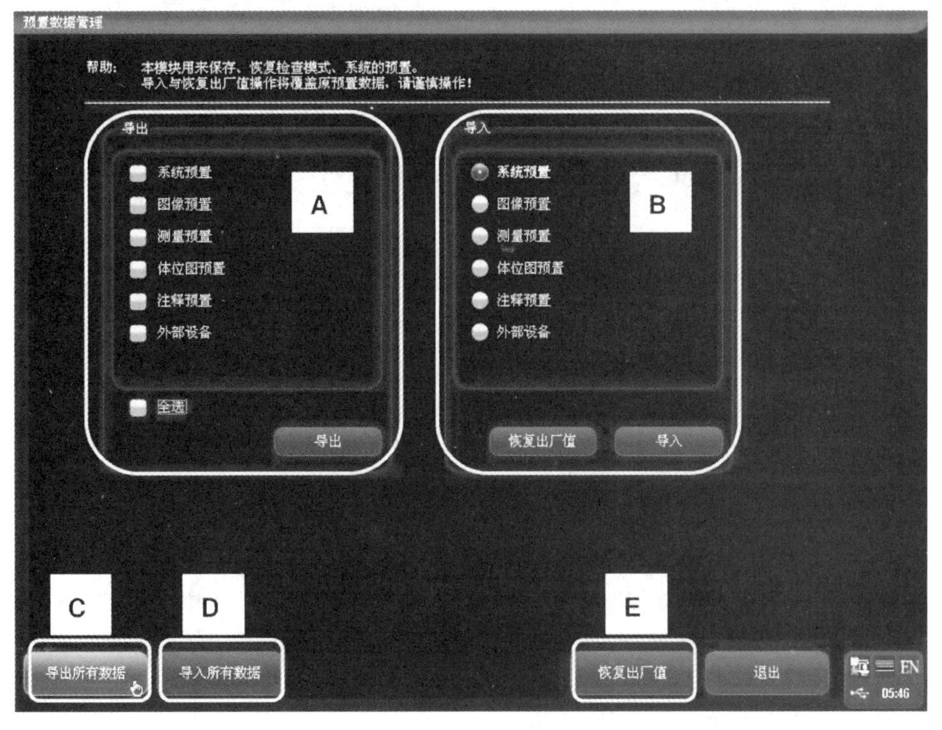

图 3-31 “预置数据管理”对话框

图 3–31 中，A 区域是单项预置参数（自主选择）导出区域，各项预置参数以不同的文件保存；B 区域是单项预置参数导入或恢复原厂设置区域；C 是全部预置参数导出按钮，保存在一个文件中；D 是全部预置参数导入按钮；E 是全部预置参数恢复出厂值设置按钮。

（5）进入维护状态。在“预置”菜单中选择“维护”，出现“输入密码”对话框，输入正确密码后单击“确认”，进入“维护”菜单，如图 3–32 所示。

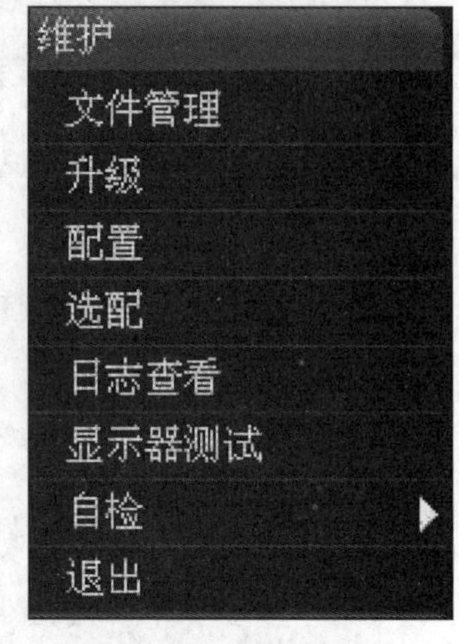

图 3–32 “维护”菜单

此菜单可以进入文件管理、升级、日志查看、自检等界面。

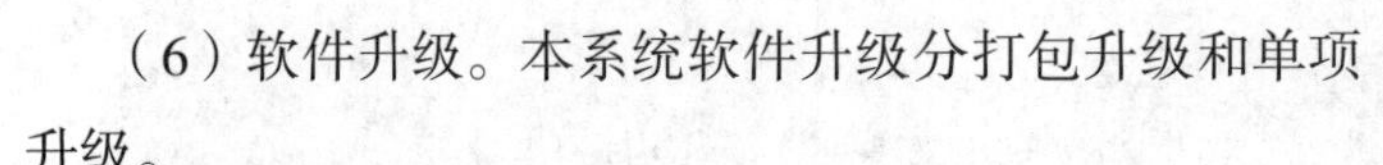

（6）软件升级。本系统软件升级分打包升级和单项升级。

1）打包升级。在“维护”菜单中单击“升级”，出现“打开文件”对话框，如图 3–33 所示。

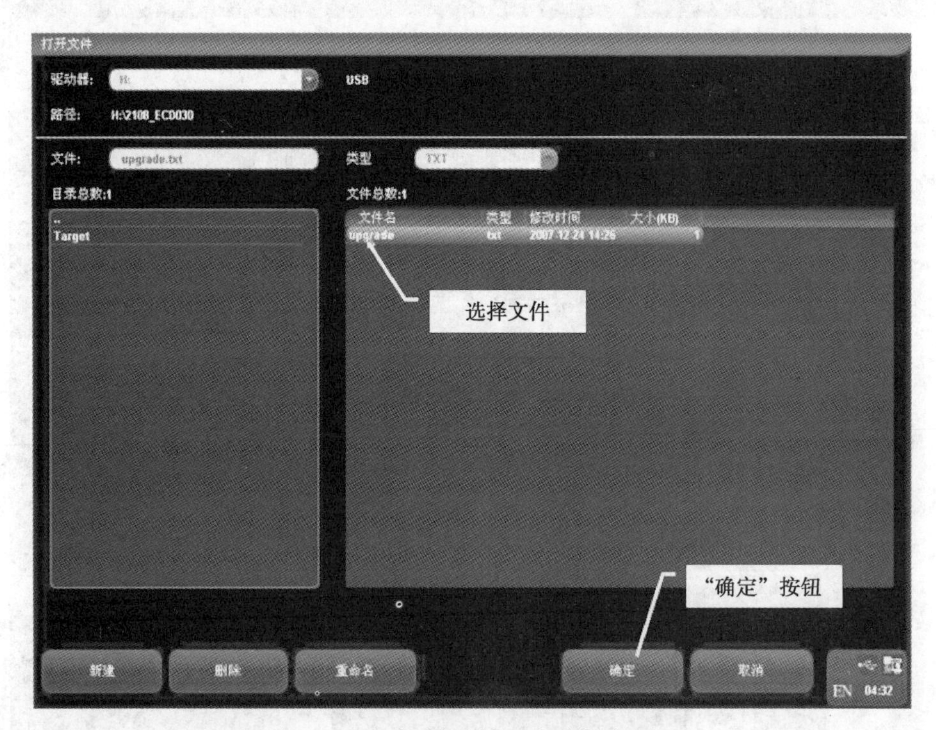

图 3–33 打包升级“打开文件”对话框

在此对话框选择正确的文件，然后单击“确定”按钮，系统开始升级，屏幕下方会出现升级进度提示，升级完成后会出现“安装成功”提示，重新启动“系统提示”

对话框，单击“确定”完成打包升级。

2）单项升级。进入“维护”菜单后按住“Ctrl+Shift+ 数字 8 键”，出现单项升级菜单，如图 3-34 所示。

选择需要升级项，按“set”键，进入“打开文件”对话框并选择正确的文件，然后单击“确定”按钮，系统开始升级，屏幕下方会出现升级进度提示，升级完成后会出现“安装成功”提示，重新启动“系统提示”对话框，单击“确定”完成单项升级。

（7）机型配置。先进入“预置”菜单，然后进入“维护”菜单，选择“配置”，如图 3-35 所示。

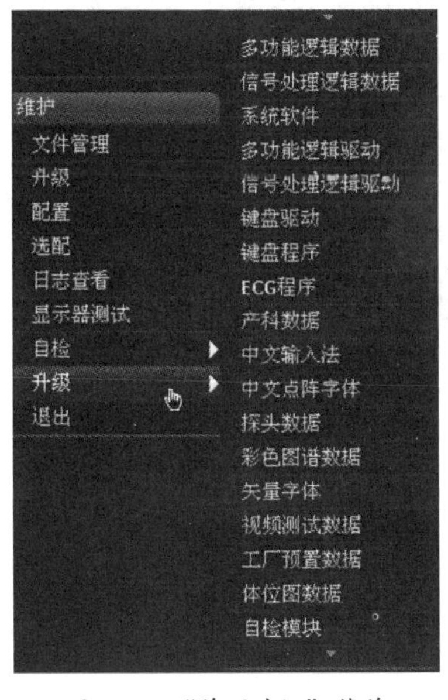

图 3-34 “单项升级”菜单

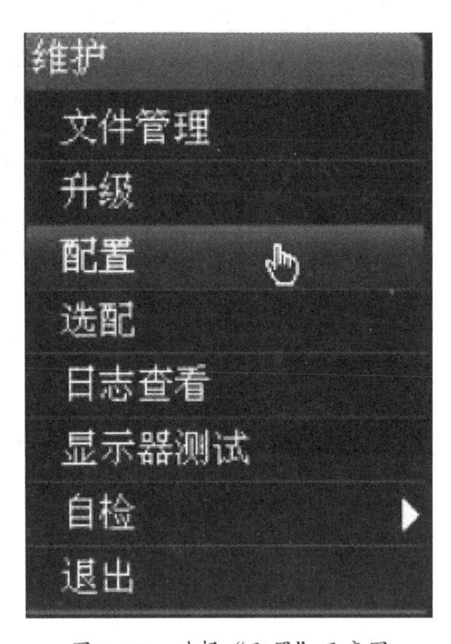

图 3-35 选择“配置”示意图

单击“配置”，出现“输入密码”对话框，输入正确密码后出现“Config（配置）”对话框，如图 3-36 所示。

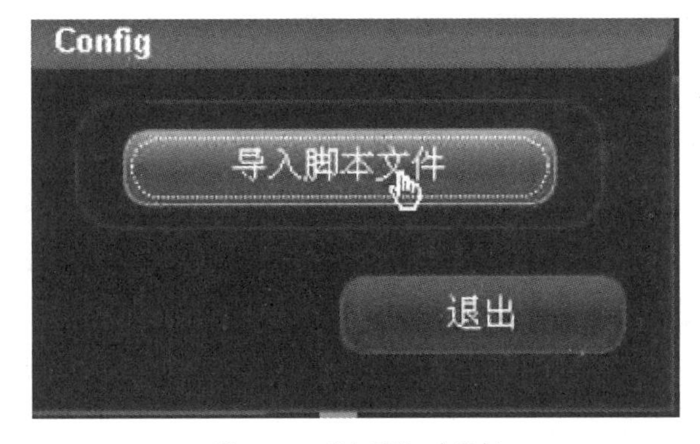

图 3-36 “配置”对话框

单击“导入脚本文件”，出现“打开文件”对话框，如图 3-37 所示。

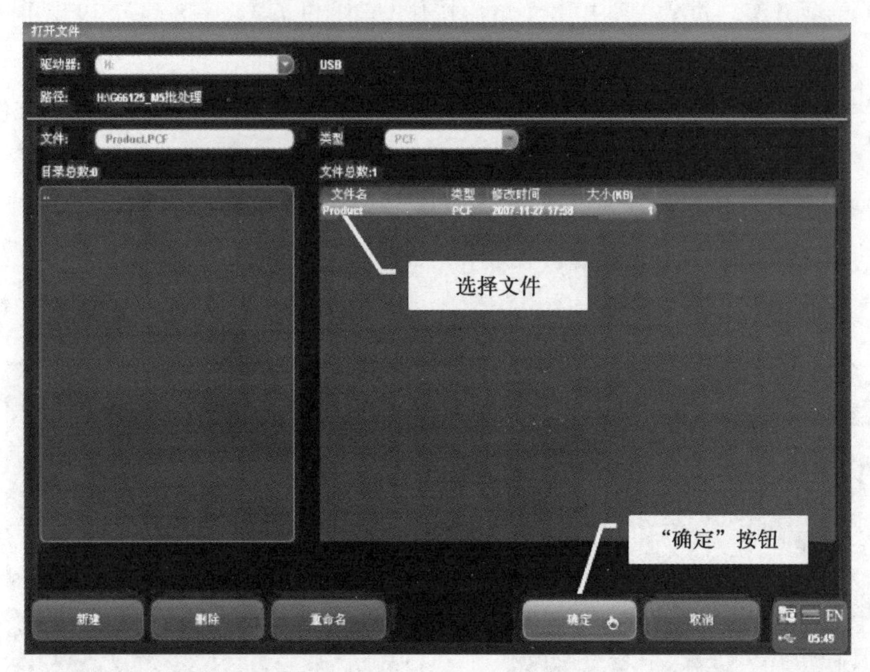

图 3-37 配置“打开文件”对话框

选择正确的文件，然后单击“确定”按钮，操作成功后系统会有“配置成功”提示，按照系统的提示重新启动机器。

（8）选配功能安装。先进入“预置”菜单，然后选择“系统预置”，单击“进入”后会弹出“系统预置”对话框，在此对话框中选择选配件，如图 3-38 所示。

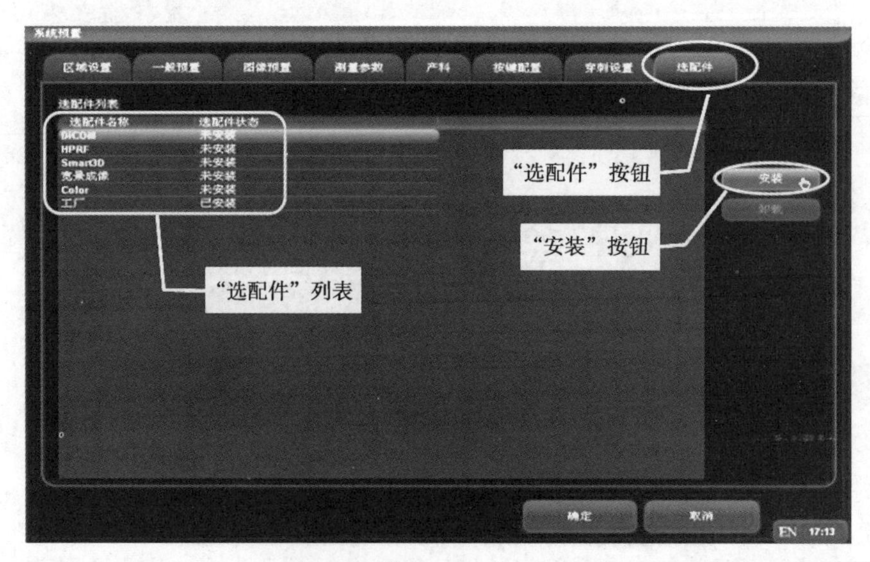

图 3-38 “系统预置”对话框

在选配件列表中，根据购买的软件功能光盘，选中需要安装的软件功能；然后单击“安装”，会出现“打开文件”对话框；在对话框中选择对应的 key 文件，然后单击“确定”按钮；key 文件和机器是一一对应的，根据购买的软件功能光盘进行安装。安装成功后，返回“系统预置”对话框，相应的选配状态应该为已安装状态。单击“确定”，关闭“系统预置”对话框。

（9）Log 下载及硬盘清理

1）Log 下载。在维护菜单中单击“日志查看”，进入界面后按“ALT+D”快捷键进行下载。Log 信息中的红色字体表示出错。

2）硬盘清理。先在控制面板上按“istation”或“F2”键，进入后查看存储在本机的受检者信息，直接删除，清理硬盘空间。然后在桌面屏幕右下角进入回收站，进行清空操作。

5. 系统自检

系统自检是指系统对超声诊断仪各板块功能、各板块连接状态、探头接口、键盘、内存、BIOS 等器件的测试。如发现错误，给操作者提示或警告。

（1）自检对话框的进入。在“维护”菜单中单击“自检项”，进入“自检”对话框，如图 3–39 所示。

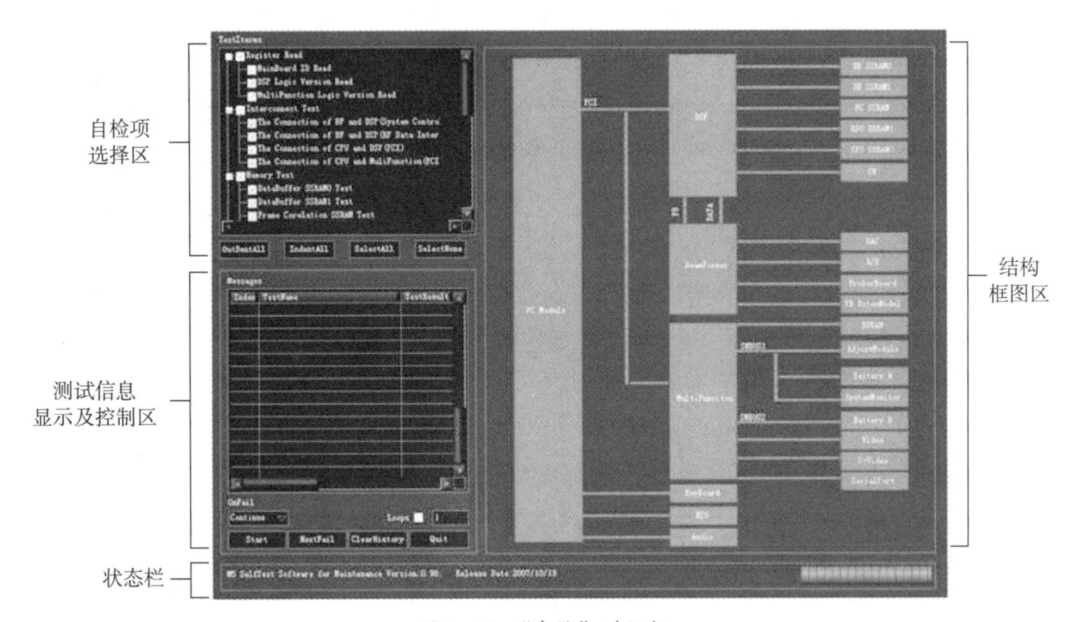

图 3–39 “自检”对话框

1）自检项选择区。在该区域内可以定制测试项，各测试项被分门别类地归入测试大项中，如果测试项前面的复选框选中（即方框内打“√”号），则表明该项测试将放入测试序列中，选中测试大项时则默认选择大项所包括的所有子项。

2）测试信息显示及控制区。该区域是各测试项测试结果的显示区域，也是对测试过程进行开始、结束等控制的区域。

3）状态栏。状态栏是信息显示和测试进度显示栏。自检程序运行后，在状态栏左边显示系统自检软件的版本和发布日期。

4）结构框图区。该区域显示整个硬件系统的结构框图，测试过程中会根据测试结果对各模块进行着色显示，绿色代表正常，红色代表异常。

（2）自检过程。以键盘通信测试为例讲解。键盘通信测试包括键盘各组件（按键、编码器、轨迹球、TGC、按键背景灯等）测试，板卡 ID 读取测试，键盘 FPGA（现场可编程门阵列）版本读取测试和键盘运行程序版本读取测试。

1）在“自检”对话框中的自检项选择区选择“Key Board Communication Test”（键盘通信测试）。

2）在测试信息显示及控制区按“Start”按钮，弹出仿真键盘，如图 3-40 所示。

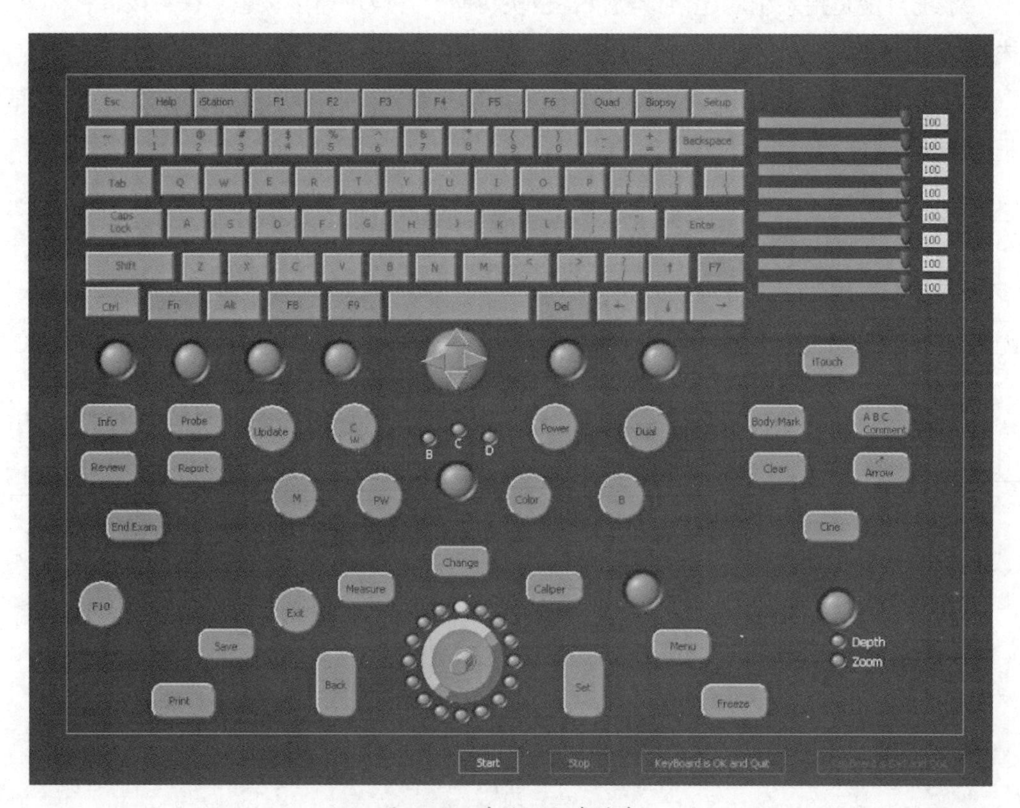

图 3-40　自检用仿真键盘

3）键盘测试。单击“Start”开始对键盘进行测试，仿真键盘上的各个控件与实际键盘上的组件一一对应。对于按键，按下实际键盘上的按键，与之对应的仿真键盘上

的按键会闪烁并变成绿色，闪烁表示正在测试该按键，变绿表示该按键已经完成测试。

4）轨迹球测试。滚动键盘上的轨迹球，界面上的鼠标会跟着移动，表明测试完成。

5）编码器测试。旋转或按下键盘上编码器旋钮，仿真键盘上对应位置处的圆球会闪烁并变成绿色，闪烁表示正在测试，变绿表示该编码器已经完成测试。随着编码器的旋转，仿真键盘上周围的绿色小球会向相同的方向旋转。

6）TGC 测试。滑动键盘上的 TGC，仿真键盘上对应的 TGC 会跟随滑动。

7）键盘背光灯测试。仿真键盘初始化时会将键盘上所有的双色灯点亮为绿色，当测试按键时，双色背光灯被按下后程序会自动地把该按键的背光灯控制为橙色。

8）Zoom/Depth LED（发光二极管）灯测试。按下键盘上 Zoom/Depth 编码器时，程序会控制仿真键盘的 Zoom 和 Depth 两个指示灯循环点亮。

9）B、C、D LED 灯测试。旋转键盘上 Gain 编码器时，仿真键盘上的 B、C、D 三个 LED 灯循环点亮。

测试完毕，如果键盘各组件功能正常，则单击“Key Board OK and Quit”（键盘通信测试正常并退出）按钮；否则单击“Key Board Bad and Quit”（键盘通信测试异常并退出）按钮。

操作技能

超声诊断仪日常保养与数据清理

操作准备

准备超声诊断仪、超声探头、电工工具、清洁用品（软布、毛刷、吸尘器）等。

操作步骤

步骤 1 拆卸防尘网、轨迹球，清洁并恢复安装。

步骤 2 拆卸主机前壳，进行前部清理。

步骤 3 拆卸主机后壳，进行后部清理。

步骤 4 拆卸主机箱，进行主机箱和风扇清理，并恢复安装整机。

步骤 5 进行键盘、显示器清理。

步骤 6 开机进入存储系统，进行数据清理。

注意事项

1. 按照服务手册要求规范操作，注意每个步骤的细节。

2. 清理时不要让液体流入系统的内部。

3. 数据清理准确无误。

超声诊断仪软件维护

操作准备

准备超声诊断仪、U 盘、系统光盘等。

操作步骤

步骤 1 进入“预置”菜单，查看系统信息。

步骤 2 进入“数据管理”对话框，导出全部预置参数至 U 盘。

步骤 3 进入“维护”菜单，进行日志查看。

步骤 4 进入“软件升级”对话框，进行打包升级。

步骤 5 完成升级后，进行预置参数导入。

注意事项

1. 按照服务手册要求规范操作，注意每个步骤的细节。

2. 切勿在升级过程中关闭电源，以免升级失败而无法重启。

超声诊断仪系统自检

操作准备

准备超声诊断仪、系统光盘等。

操作步骤

步骤 1 进入“预置”菜单，打开“自检”界面。

步骤 2 在自检项选择区选择“键盘测试”。

步骤 3 在测试信息显示及控制区启动自检，进行键盘通信测试。

步骤 4 键盘测试结束后，退出“自检”界面，完成测试。

注意事项

1. 按照服务手册要求规范操作，注意每个步骤的细节。

2. 注意观察状态栏、测试信息显示及控制区，关注自检进度，如有提示，按照提示完成操作。

培训任务 4

超声诊断仪检修

学习单元 1

检修基础

超声诊断仪属于电子仪器，学习超声诊断仪检修应先熟悉电子仪器检修的常用工具与仪表仪器等。

一、万用表

万用表是一种测量仪表，按显示方式分为指针万用表和数字万用表。万用表是一种多功能、多量程的测量仪表，一般可测量直流电流、直流电压、交流电流、交流电压、电阻等，有的还可以测量交流电流、电容量、电感量、音频电平及半导体的一些参数等。

如图 4–1 所示为一款数字万用表，以此万用表为例，介绍具体的测量方法。

1. 电压的测量

（1）交流电压测量。挡位选择旋钮调节到交流电压位，把黑表笔插入公共插孔（COM 孔），红表笔插入电压测量插孔（VΩ 孔），测量目标电压。

（2）直流电压测量。挡位选择旋钮调节到直流电压位 1，把黑表笔插入 COM 孔，红表笔插入 VΩ 孔，测量目标电压（测量直流电压有正负极之分，红表笔接正极，黑表笔接负极）。若测量值小于 400 mV，可把挡位选择旋钮调节到直流电压位 2，可获得精度更高的测量值。

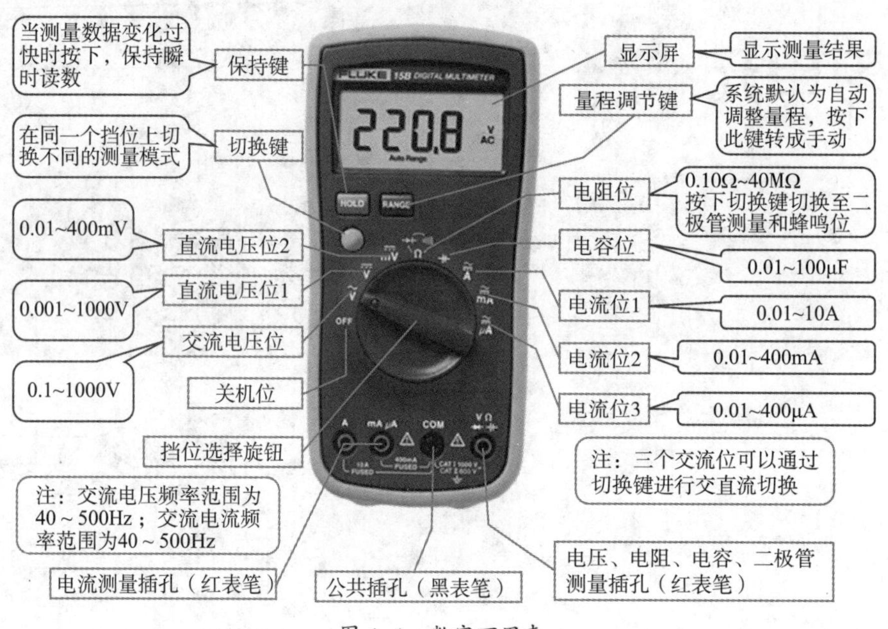

图 4-1 数字万用表

2. 电流的测量

电流的测量与电压的测量有所不同，需将万用表串联进测量目标电路，且电流测量需要调整红表笔插孔，结束后红表笔一定要插回 VΩ 孔，若忘记这一步而直接测量电压，会损坏万用表。

（1）直流电流测量。挡位选择旋钮调节到电流位 1，把黑表笔插入 COM 孔，红表笔插入电流测量插孔（A 孔），测量目标电流。若测量值小于 400 mA 或 400 μA，可把挡位选择旋钮调节到电流位 2 或 3，可获得精度更高的测量值。

（2）交流电测量。挡位选择旋钮调节到电流位 1，再按下切换键转换到交流电流测量，其他步骤同直流电流测量。

3. 电阻的测量

挡位选择旋钮调节到电阻位，把黑表笔插入 COM 孔，红表笔插入 VΩ 孔，测量目标电阻值。测量时要保证表笔接触良好，读数时要注意电阻单位（Ω，kΩ，MΩ）。

4. 二极管的测量

挡位选择旋钮调节到电阻位，再按下切换键转换到二极管测量，把黑表笔插入 COM 孔，红表笔插入 VΩ 孔，测量目标二极管。红表笔接二极管阳极，黑表笔接二极管阴极时，测量二极管的正向压降，测量值为 0.2～0.7 V（发光二极管为 1.8～2.3 V）。反向测量时，万用表显示“1.”，表明反向电压无穷大，如正向或反向压降接近零（有

蜂鸣声），说明二极管损坏。

5. 三极管的测量

（1）压降测量方式。旋钮挡位及表笔插孔同二极管测量。

如果红表笔接三极管的其中一个管脚，而用黑表笔测其他两个管脚都有压降值（0.2 ~ 0.7 V），那么此三极管为 NPN 三极管，且红表笔所接的脚为三极管的基极（b）。用上述方法测试时，压降较高的管脚是三极管的发射极（e），压降偏低的管脚是三极管的集电极（c）。

如果黑表笔接三极管的其中一个管脚，用红表笔测其他两个管脚都有压降值（0.2 ~ 0.7 V），那么此三极管为 PNP 三极管，且黑表笔所接的脚为三极管的基极。用上述方法测试时，压降较高的管脚是三极管的发射极，压降偏低的管脚是三极管的集电极。

（2）电流放大倍数测量方式。有些数字万用表配有电流放大倍数（HFE）测量挡位，可以利用它来测量三极管。在确定了三极管的基极和管型后，把挡位选择旋钮调节到 HFE 位，将三极管的基极插入对应管型（NPN 或 PNP）HFE 插孔的基极孔，其他两个管脚插入余下的任意两个，观察测量值的大小，对调两个管脚，再观察测量值，测量值较大的管脚位置为正确的集电极和发射极，所测得的值就是三极管的电流放大倍数。

（3）电阻值测量方式。如果只有指针万用表，也可以通过测量电阻值的方式来测量三极管。具体方法是把挡位选择旋钮调到 R × 1k 挡，如果黑表笔接三极管的其中一个管脚，而用红表笔测其他两个管脚都有电阻值（根据三极管参数不同，阻值在几百欧姆到几千欧姆之间），且两个阻值相近，那么此三极管为 NPN 型三极管，且黑表笔所接的脚为三极管的基极。然后把两支表笔接到另外两个管脚，假定黑表笔接的是集电极，红表笔接的是发射极，在黑表笔和基极间串接一个 100 kΩ 电阻，若万用表测量的阻值较小，则假设正确，即连接黑表笔管脚为集电极，另一个为发射极；若阻值较大，说明假设错误。如果两次测得的阻值相差不大，说明管子的性能较差。按照同样方法可以判别 PNP 型三极管的极性。

在以上所有测量过程中，显示屏若显示“1.”表示测量值无穷大；若显示“–”表示正负极接反。另外，测量结束后要把测量选择旋钮调整到关机位，防止万用表电池耗尽。

二、焊接基础

超声诊断仪的检修会涉及电子元器件的更换，维修人员应熟悉焊接技术。

1. 焊接工具

（1）直热式电烙铁。直热式电烙铁是应用最广泛的电烙铁，根据加热方式不同又分外热式和内热式。直热式电烙铁由烙铁头、烙铁芯、外壳、手柄、接线柱、电源线等组成。烙铁头安装在烙铁芯里面的是外热式，如图 4–2a 所示；烙铁芯安装在烙铁头里面的是内热式，如图 4–2b 所示。

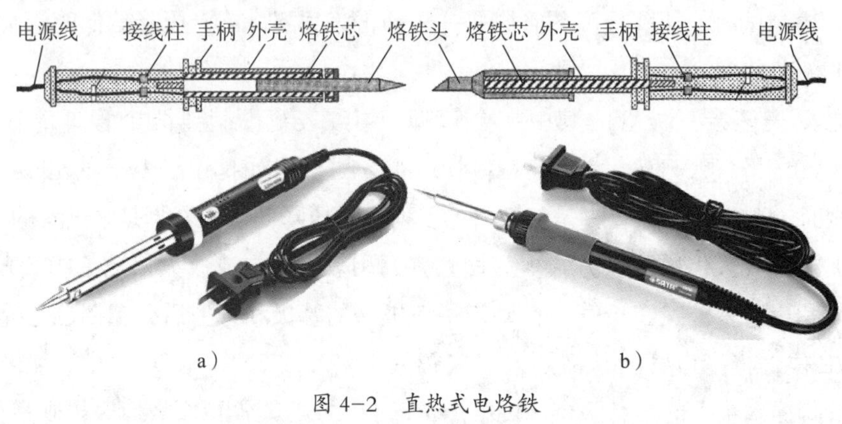

图 4–2 直热式电烙铁

a）外热式 b）内热式

外热式电烙铁常用的规格有 25 W、45 W、75 W、100 W 等，功率越大，烙铁头的温度越高。内热式电烙铁常用的规格有 20 W、50 W 等，内热式电烙铁热效率比外热式高。烙铁头一般用纯铜或以铜为主的合金制成，为了便于焊接密集焊点，烙铁头多为尖锥式。

（2）恒温式电烙铁。恒温式电烙铁（见图 4–3）烙铁头内装有温度控制器，通过控制通电时间而实现温控，即给电烙铁通电后，当烙铁的温度达到预定的温度时，温度控制器触点断开，停止向电烙铁供电；当温度低于设定下限值时，温度控制器触点闭合，继续向电烙铁供电。如此循环往复，达到控制温度的目的。高档的恒温式电烙铁，其附加控制装置上带有烙铁头温度的数字显示（简称数显）装置，显示温度最高达 400 ℃。烙铁头带有温度传感器，在控制器上可由人工改变焊接时的温度。

（3）吸锡式电烙铁。吸锡式电烙铁（见图 4–4）是将活塞式吸锡器与电烙铁融为一体的拆焊工具，具有使用方便、灵活、适用范围广等特点。

（4）热风焊台。热风焊台（见图 4–5）是通过热空气加热焊锡来实现焊接的工具，主要用于芯片等焊脚多且密集的电阻器件的拆焊。焊台内有气泵，其作用是不间断地吹出空气，焊枪手柄内有加热芯，气流顺着风嘴将热量带出。每个焊台都配有多个风枪嘴，以便于拆焊不同规格的芯片。焊台上一般配有两个旋钮（或按键），一个调节风速，另一个调节温度。

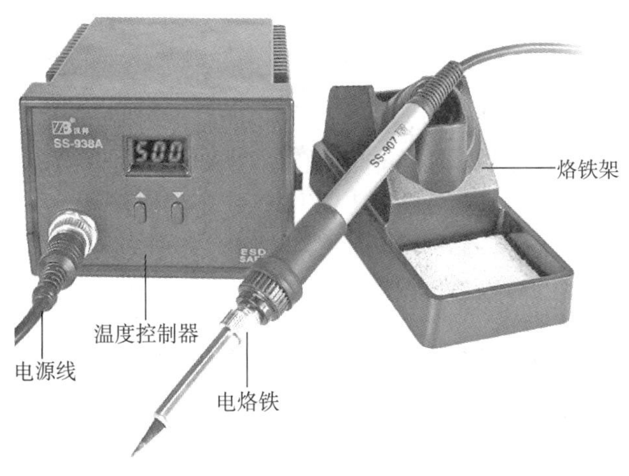

图 4-3　恒温式电烙铁

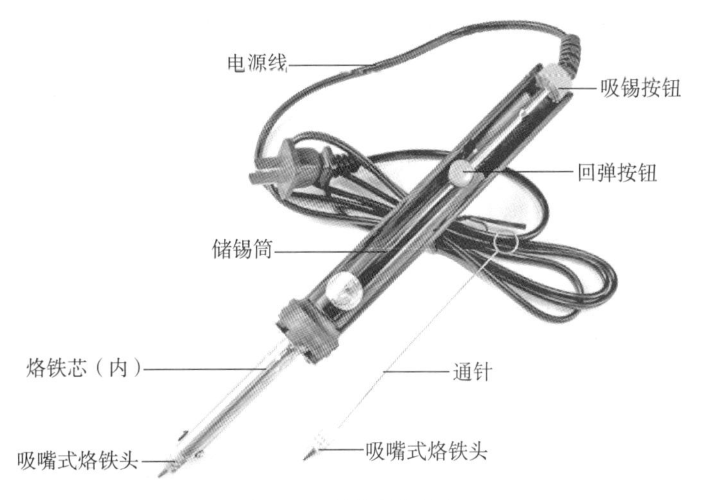

图 4-4　吸锡式电烙铁

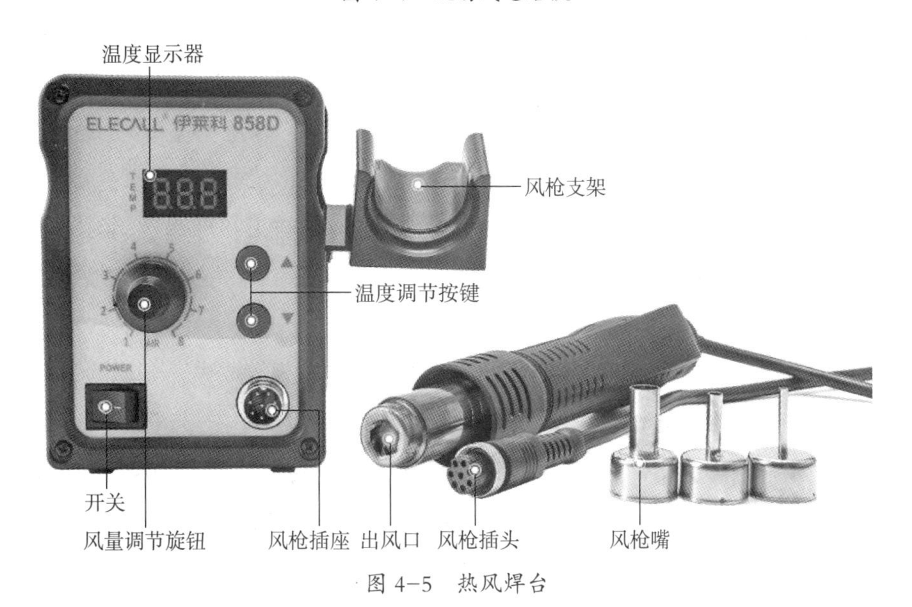

图 4-5　热风焊台

2. 焊接原料

（1）焊锡丝。焊锡丝是焊接用的主要原料，根据合金成分不同分为锡铅合金焊锡丝、纯锡焊锡丝、锡铜合金焊锡丝、锡银铜合金焊锡丝、锡铋合金焊锡丝、锡镍合金焊锡丝等。其中用得最多的是锡铅合金焊锡丝，常用的锡铅合金焊锡丝中，锡铅比例约为 3∶2，熔点约为 190 ℃。

（2）助焊剂。助焊剂是焊接时用的辅助原料，焊锡丝过程中如果没有助焊剂是不能够进行电子元件焊接的，这是因为焊锡丝不具备润湿性、扩展性。助焊剂主要有辅助热传导、去除氧化物、降低被焊接材质表面张力、去除被焊接材质表面油污、增大焊接面积、防止再氧化等作用。在电子产品生产锡焊工艺过程中，一般使用由松香、树脂、添加剂、有机溶剂组成的助焊剂。

现在大部分焊锡丝都带有助焊剂，即生产焊锡丝时把助焊剂加入焊锡丝芯内。

3. 焊接技术及注意事项

（1）焊前处理。焊接前，应对元器件引脚或电路板的焊接部位进行焊前处理，一般分三个步骤。

1）清洁。在焊接前做好焊接部位的清洁工作。一般用美工小刀和细砂纸，对电子元器件引脚、印制电路板进行清理，保持清洁。

2）镀锡。在清洁的元器件部位均匀地镀上一层很薄的锡层。若是多股金属丝的导线，打光后应先拧在一起，然后再镀锡。

3）检测。镀锡后，用万用表检测所有镀锡的元器件是否质量可靠，若有质量问题或已损坏的元器件，应用同规格的元器件替换。

（2）焊接方法。不同的焊接对象，其需要的电烙铁工作温度也不相同。判断烙铁头的温度时，可用电烙铁碰触助焊剂，若电烙铁碰到助焊剂时，有“吱吱”的声音，则说明温度合适；若没有声音，仅能使助焊剂勉强熔化，则说明温度太低；若电烙铁头一碰上助焊剂就大量冒烟，则说明温度太高。一般来讲，焊接的步骤主要有三步。

1）电烙铁头上先熔化少量的焊锡和助焊剂，将电烙铁头和焊锡丝同时对准焊点。

2）在电烙铁头上的助焊剂尚未挥发完时，将电烙铁头和焊锡丝同时接触焊点，开始熔化焊锡。

3）当焊锡浸润整个焊点后，同时移开电烙铁头和焊锡丝或先移开锡线，待焊点饱满，再离开电烙铁头和焊锡丝。

焊接过程一般以 2～3 s 为宜。焊接集成电路时，要严格控制焊料和助焊剂的用量。为了避免因电烙铁绝缘不良或内部发热器对外壳感应电压而损坏集成电路，实际应用中常采用拔下电烙铁的电源插头趁热焊接的方法。

（3）注意事项。焊接时，应保证每个焊点焊有足够的机械强度；焊接可靠，保证导电性能；焊点表面整齐美观。应注意以下几种常见的不良现象。

1）虚焊。虚焊是指焊点处只有少量的锡焊住，造成接触不良、时通时断的现象，常见原因有元器件引脚没处理好、线路板质量不好、焊接锡量小、焊锡质量不好、元器件插入不到位等。

2）假焊。假焊是指表面焊住，但实际上并没有焊上，用手一拔，引线就可以从焊点中拔出，主要原因有焊接时间过短、电烙铁温度不够、电路板焊接点未清洁等。

3）桥接。桥接是指焊接时把相邻焊点连接起来的现象，主要原因有焊接时间过长、焊锡量过多、电烙铁撤离角度不当等。

4）拉尖。拉尖是指焊点处出现尖端或毛刺的现象，主要原因有焊锡量过多、助焊剂太少、电烙铁撤离角度不当等。

5）起皮。起皮是指焊接时电路板上的焊点脱离电路板的现象，主要原因有焊接时间过长、电烙铁温度过高等。

学习单元 2

组件与板卡故障检修

一、显示器组件故障检修

以迈瑞 DC-3 彩超为例。

1. 显示器无显示（指示灯不亮）

此故障检修流程如图 4-6 所示。

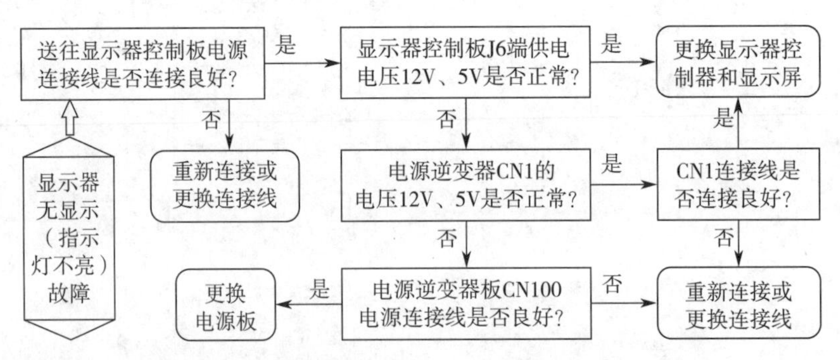

图 4-6　显示器无显示（指示灯不亮）故障检修流程图

2. 显示器无显示（指示灯亮）

此故障检修流程如图 4-7 所示。

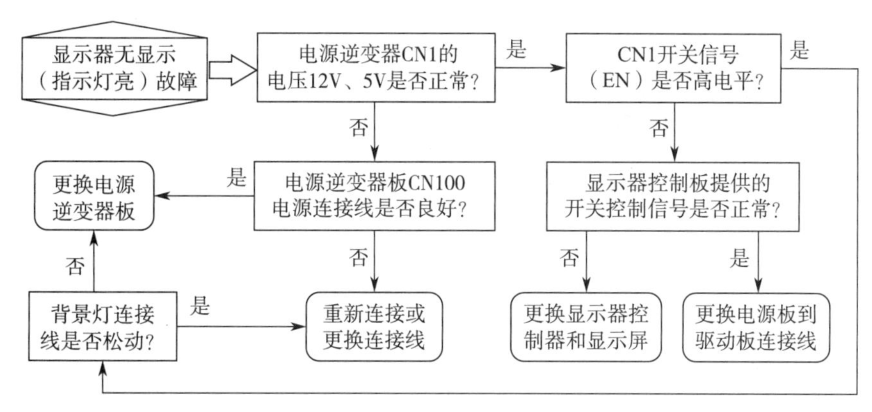

图 4-7　显示器无显示（指示灯亮）故障检修流程图

3. 检修案例

【案例一】

故障现象：迈瑞 DP-50 便携式超声仪正常开机一段时间后，显示器有时会出现水平方向的一条带状亮线，影响超声图像的观察。

故障分析与排除：通过故障现象可以判断，原因可能是显示器场扫描电路出现故障，如果电路内有接触不良，对线路板仔细检查，排除接触不良引起的故障。对场电路元件用电阻测量法检测，没有发现异常。

由于故障不是随时出现的，出现后又会转为正常，仔细观察水平带状亮线下方有 0.5 cm 宽、亮度较低的扫描线，因此初步判断场扫描电路中的元件之一性能不稳定。

通过带电测量发现场振荡级、激励级工作正常，输出级 BG2 工作正常，BG1 不工作。测量 BG1 管和它的偏置电路元件无异常，由于故障现象时有时无，是软故障，元件测量不一定能找出故障点，猜测自举电容 C2 有问题，更换 C2 后设备恢复正常。

【案例二】

故障现象：ESAOTE DU6 彩超仪开机后，主机运行基本正常，但彩色显示器图像不够清晰，调节操作面板上远场 / 近场增益，图像清晰度变化不大。

故障分析与排除：进入显示器菜单，反复调节其对比度和亮度，图像清晰度稍有改善，但仍感觉图像质量欠佳。分析故障原因有三种可能：①彩超探头性能不良；②主机图像处理通道出现问题；③显示器存在故障。

可以采用排除法进行检修。首先，分别用彩超附带的三个探头检查人体，结果图像清晰度差别不大，说明探头没有问题。其次，用一台 17 英寸纯平彩色显示器取代彩超显示器，结果发现图像清晰度恢复正常，由此判定显示器存在问题，更换显示器，故障排除。

二、控制面板组件故障检修

1. 控制面板组件常见故障及检修方法

以迈瑞 DC-3 彩超为例，控制面板组件常见故障及检修方法见表 4-1。

表 4-1　　控制面板组件常见故障及检修方法

序号	故障现象	故障分析	故障排除
1	LED 灯 D1 不亮	USB 没有正确枚举	检查 USB 线是否脱落、损坏
2	LED 灯 D3 不常亮	①未烧写 FPGA 配置文件	①烧写 FPGA 配置文件
		②确认 FPGA 内核电压是否正常（1.2 V）	②更换元件 U20
		③ FLASH 有故障	③更换元件 U3
3	LED 灯 D4 不亮	控制面板无 3.3 V 电源供给	检查控制面板 3.3 V 电源电路
4	LED 灯 D6 不亮	控制面板无 12 V 电源供给	检查 12 V 电源电路
5	LED 灯 D175 不亮	控制面板无 3.3 V 电源供给	检查 3.3 V 电源电路
6	LED 灯 D176 不亮	控制面板无 5 V 电源供给	检查 5 V 电源电路
7	轨迹球不工作	①轨迹球连线有问题	①检查轨迹球连线
		②轨迹球积尘或损坏	②检查轨迹球是否灰尘过多或损坏

2. 检修案例

【案例一】

故障现象：GE 730 腹部超声仪开机后，图像显示正常，但通过控制面板上的某些键进行某些操作时，这些按键不灵敏，进行测量时鼠标移动不灵敏。

故障分析与排除：图像显示正常，说明机器采集和后处理功能正常，应首先考虑控制面板本身的问题。打开控制面板，发现按键和轨迹球间絮状的灰尘较多，利用吹风机、小刷子等工具对面板内进行除尘处理。然后打开轨迹球，先把絮状物清除掉，再用较干燥的湿巾对球体进行擦拭。除尘后将轨迹球和控制面板进行复原，重新开机，故障排除。

【案例二】

故障现象：西门子 Sequoia 512 彩超开关键无法正常工作，控制面板上部分组键功能失灵，机器无法正常工作。

故障分析与排除：打开机器外壳，发现开关键有一个塑料连接板已经断裂，无法连接开关键，考虑该连接板承受很大的力，用硅胶枪在连接板的裂痕处均匀地涂上硅胶后，该按键恢复正常使用。

打开机器的操作面板，发现里面布满了很多碎纸屑和灰尘，用吹风机、刷子等除去后故障依旧。

按键工作时是由外壳内的磷铜片接通印刷板上的两触点来完成的，用放大镜观察这些键分别对应的八个触点，发现在每个面积约 1.5 mm^2 的表面上都有些整齐的小黑点，它们恰恰是敲击时被键壳内磷铜磨损的部位。

判定触点表面的镀层被磨损后产生的氧化层是造成这些按键失灵的原因，为了验证这一点，在有限的范围内调整触点的位置，把按键的衬垫整齐地对正位置后，这些键都可以正常工作，故障排除。

三、探头及探头板模块故障检修

1. 探头故障检修

（1）晶体故障检修。探头内部的压电晶体长期使用会形成晶体自然老化，不规范的使用或摔、碰等外力击打会造成探头晶体的损伤。晶体损伤后常见故障现象是图像出现信号衰减，图像中有黑影、黑条、干扰、缺损等盲区，如图 4–8 所示。严重时会造成图像黑区。

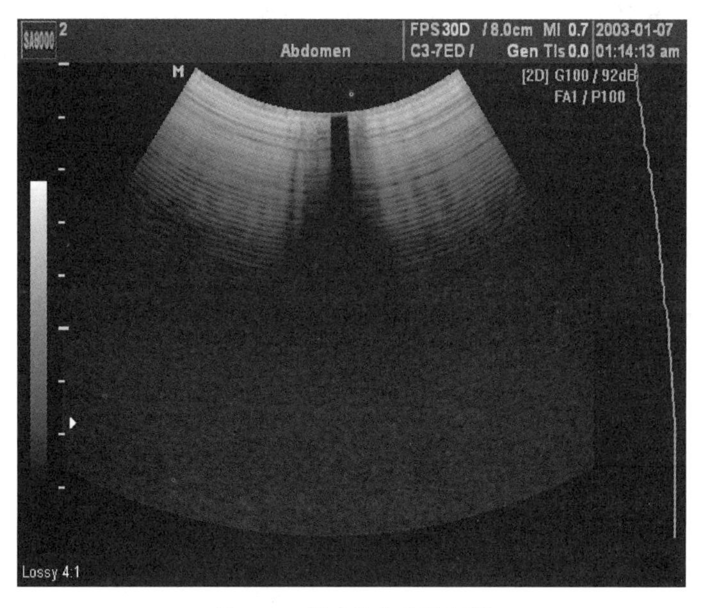

图 4–8　探头晶体故障例图

通常情况下，晶体故障只能通过更换探头来解决。

（2）电缆线故障检修。探头电缆采用质量要求很高的多芯高屏蔽电缆，电缆内导线非常细密。由于操作时需要多方位探查，电缆的弯曲、扭转使电缆的外保护区绝缘层破皮、断裂，露出里面的信号线，图像就会出现波纹、缺损等现象。

线缆故障较轻，可以通过处理继续使用。如探头位置长期放置不当导致电缆线内部导线断裂，可打开外层皮套，将总的屏蔽线横向划开，挑出断裂线。焊好后，用透明胶带缠上一层，用万用表测量其是否导通。导通后，将该根导线的屏蔽接好并缠好胶带。严重时只能更换探头。

（3）声透镜故障检修。声透镜长期使用之后会形成自然磨损、划痕、开裂、腐蚀、脱胶、起泡等破损，会造成图像出现黑条等伪影，如图 4–9 所示。在使用过程中，如果耦合剂进入下层，会造成起泡腐蚀，严重的会损伤 B 超探头晶体或漏电，危及受检者安全。

声透镜故障轻微时，经处理后可以继续使用，如用液体硅胶注入脱胶处并赶出气泡，用纱布带用力将探头绑紧放置 24 h 后松绑，探头即可恢复正常使用。故障严重时，可以更换整个声透镜或更换探头。

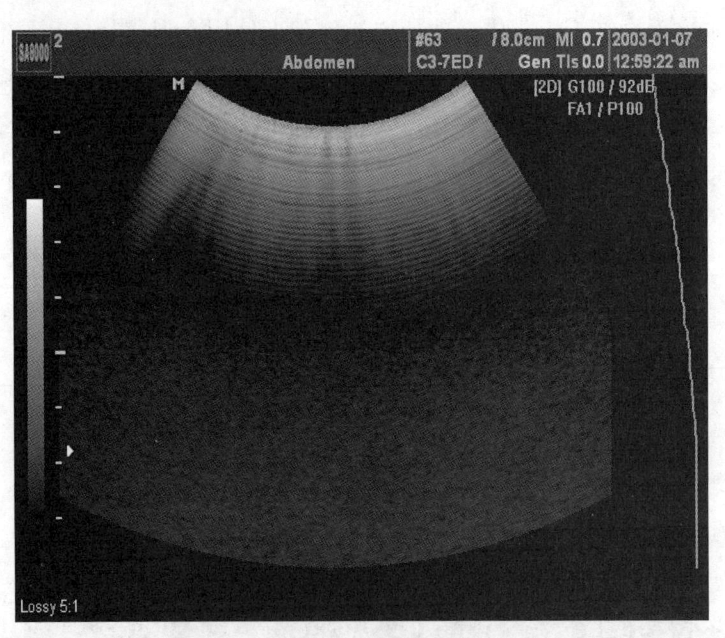

图 4–9　探头声透镜故障例图

（4）护套、外壳损坏检修。探头护套是 B 超探头与电缆线连接处起加固作用的胶套，防止电缆直角折压。探头护套长期使用会造成护套的断裂、脱落和缺失，从而造成电缆折断，影响图像。

B 超探头长期使用会造成壳体开裂老化，或由于人为因素（如摔、碰）而变形，破坏探头外壳的屏蔽质量，造成图像干扰、不清，严重时会从前端出现感应电流，危及受检者安全。

上述故障轻微时，可以通过处理继续使用，严重时只能更换探头。

2. 探头板模块故障检修

探头板模块常见故障及检修见表 4-2。

表 4-2　　探头板模块常见故障及检修

序号	故障现象	故障分析	故障排除
1	主机每个探头插座都无法识别探头	①检查探头板模块中两块板卡是否扣紧	①如果没有扣紧，将探头板、探头控制板的板卡扣紧
		②探头扩展器不能供电（上电时没有继电器切换的声音）	②检查探头控制板熔丝 F1 是否导通，如果熔丝烧坏，更换熔丝
		③测量探头控制板上 VCC（电路电压）（5 V）、VDD（3.3 V）（工作电压）测试点电压是否正确	③查看是否有明显的短路。如果没有，可以做如下确定：VDD 测试点电压不为 3.3 V，更换 U1；VCC 测得电压过低，主机端可能有损坏
		④检查各级板卡连接，尤其探头连接板和探头板插座是否松动或损坏（确保通信信号线连接正确）	④将板卡插接好，如果出现插座损坏，更换板卡
		⑤探头控制板上 CPLD（复杂可编程逻辑器件）U3 或驱动器 U3、U4 损坏	⑤维修或更换探头控制板
2	主机无法识别探头 A 座或 B 座或 C 座	①探头控制板上 U9（A 座）或 U12（B 座）或 U13（C 座）损坏	①更换相应器件
		② AID 或 BID 或 CID 相应信号连接的电阻断路或短路	②更换相应电阻 注：该故障需要使用专门工装测试定位，需返厂检修
3	A 座或 B 座或 C 座探头工作时，有约 1/8 或 1/4 的固定区域没有图像	①检查探头板模块中两块板卡是否扣紧，板间连接插座是否损坏或焊脚是否脱落	①插好板卡或更换相应插座
		②对应探头的继电器控制电路的器件损坏	②更换损坏的器件

续表

序号	故障现象	故障分析	故障排除
4	A 座或 B 座或 C 座探头工作时，图像有一条或几条纵向暗道	①确认其他探头是否有同样问题	①如果任一探头都有问题，则是主机板卡器件损坏，需检修板卡；如果某一探头有此问题，则是探头损坏，需更换探头
		②确认 A 座、B 座、C 座探头是否有同样问题	②如果 A、B、C 座都有问题，则可能探头板插座全部损坏或相对应的继电器损坏；如果只是单个插座有问题，则是探头板模块中的卡板没有扣紧或插座损坏

3. 检修案例

【案例一】

故障现象：GE Logiq S6 浅表探头 10L 切换报错：SHVST error（CON2）shutdown。

故障分析与排除：该机器共有 3 把探头，分别为腹部 3.5C、心脏 3S 和浅表 10L。机器使用腹部 3.5C 和心脏 3S 探头时正常并可随意切换，但切换至浅表 10L 时报错，随后机器无法正常工作，需要重新启动。

按照该故障现象初步判断浅表 10L 探头已损坏，把该探头拿到另一 S6 机器上测试，同样导致机器报错，更换探头，故障排除。

故障探头经检测发现短路故障，一般探头出现短路是由于机器故障导致，因此要求医院在使用备用浅表 10L 探头一段时间后进行反馈，判断机器是否可能存在其他软故障。备用浅表 10L 探头在使用 1 个月后，医院再次反映出现同样报错故障，判断机器发射板存在软故障，更换探头的同时更换发射板，故障排除。

【案例二】

故障现象：超声图像出现暗线。GE Logiq 9 彩超的超声图像上有 1 条暗线，暗线区域内无回波信号，形成图像时移动探头的位置，暗线的位置始终固定不变。

故障分析与排除：图像暗线的边缘比较明显，故障原因可能是对应的探头晶片出现问题或对应的通道有问题。切换不同探头进行测试发现，每个探头均有同类的暗线存在，可以排除探头损坏，故障可能发生在对应的通道板上。GE Logiq 9 彩超前端有 8 块通道板，8 块通道板对应不同的探头通道，每块板处理 24 个通道。在显示器图像上标记好对应的暗线位置，关机，交换通道板的位置，当交换到第 4 块通道板时，图像上对应的暗线位置发生移动，再用另一块通道板与第 4 块通道板交叉检查，判断故障在第 4 块通道板上，更换此通道板，机器恢复正常。

【案例三】

故障现象：EUB–525 彩超腹部探头无论工作在 B 模式或 C 模式，不时在显示屏上出现放射状干扰线，线条数量不等，且这些干扰线出现在显示屏上的位置不固定。

故障分析与排除：彩超工作时，显示屏上出现此类故障较为常见。产生此类故障的主要原因有四种：①外界干扰（包括电台干扰，高频治疗机、大型电动机、大功率 UPS 及大型医疗设备工作时产生的电磁干扰）；②交流电源 / 交流稳压器不稳定；③探头性能变差，晶片在工作时相互产生干扰；④电路板故障，如发射 / 接收控制板、探头接口板等出现故障。

确定是哪一类故障时可以按下述步骤进行：在非工作时间将仪器通电并观察显示屏上是否有干扰线；移动仪器放置的方向或更换仪器放置的位置，再通电观察显示屏上的显示情况；仪器在接交流稳压器和不接交流稳压器时，分别通电观察显示屏上的显示情况，并用万用表测量仪器工作时交流电源的电压值。上述步骤如果均有放射状干扰线存在，一般可以确定为非外界干扰和交流电源不良所致。

一般彩超配有多个探头，在 B 模式或 C 模式下分别使用其他探头工作，如其他探头工作无干扰线，一般可以确定为出现故障时用的探头本身有问题，需更换。如果几个探头分别工作时都出现干扰线，一般可以确定为电路板故障。如果怀疑为电路板故障，需要一一更换电路板来确认并排除故障。

本次故障通过上述操作，确定为腹部探头故障，更换此探头，机器恢复正常工作。

四、超声发射和接收单元故障检修

1. 发射单元故障检修

发射单元常见故障表现有图像中场明显发亮、无回波、出现放射状或横向白条、出现黑条等，如图 4–10 所示。

此单元故障排除以更换板卡为主。

2. 接收单元故障检修

接收单元常见故障表现最多的是无回波，如图 4–11 所示。

此单元故障排除以更换板卡为主。

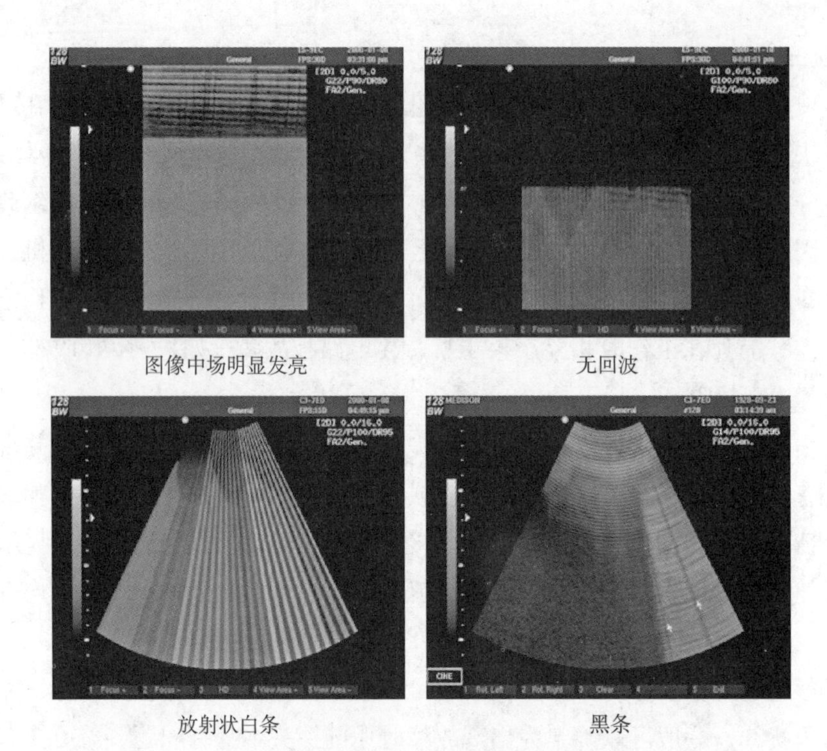

图像中场明显发亮　　无回波

放射状白条　　黑条

图 4-10　发射单元故障

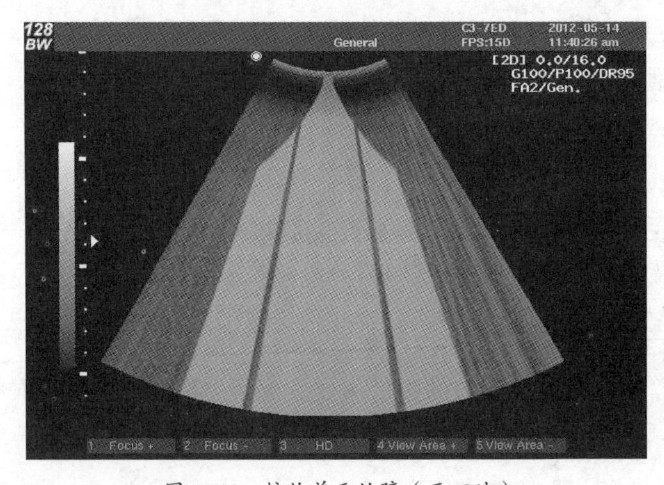

图 4-11　接收单元故障（无回波）

3. 检修案例

故障现象：GE 彩超扫描的图像出现错层。

故障分析与排除：这是由于两块 BF 板进行 A/D 转换时的软故障，导致两个通道出现偏差，需校正。

取下彩超诊断仪上所有探头，开机，按“F2”→“System”→“TEST”→“GOTO SYSTEM TEST”，在菜单中选择“DC OFFS.CAL”按键，开始进行直流偏移校正，校正

完成后，重新启动系统，故障排除。

五、数字信号处理（DSP）和数字扫描变换（DSC）单元故障检修

1. DSP 和 DSC 常见故障检修

DSP 和 DSC 常见故障表现为无扫描扇形区、各种模式下回波图像变形或缺损、彩色模式下彩色信号异常（溢出、彩色异常缺失、噪声干扰等），如图 4-12 所示。

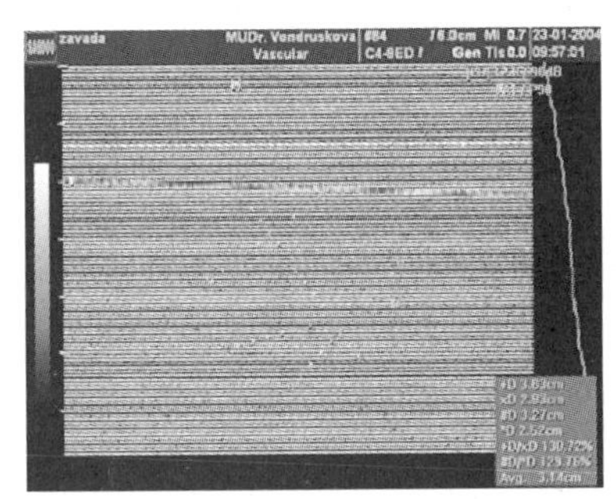

无扫描扇形区

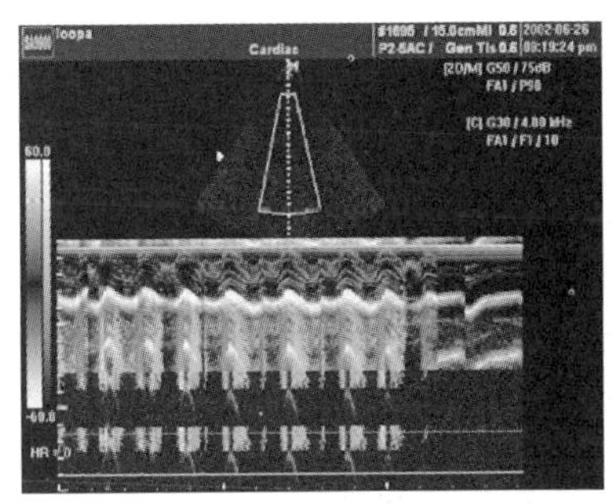

M模式图像破损

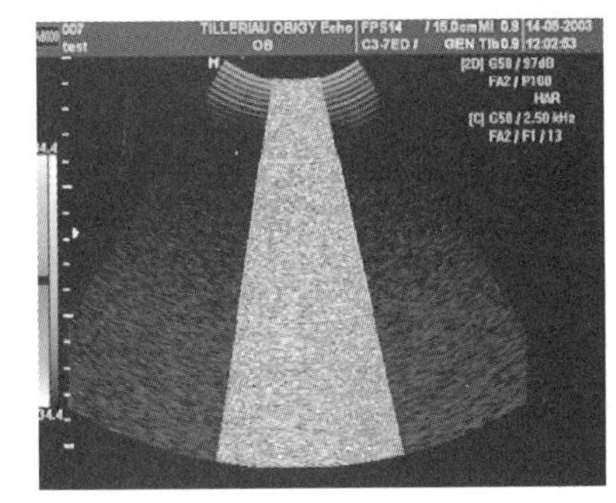

彩色噪声干扰及溢出

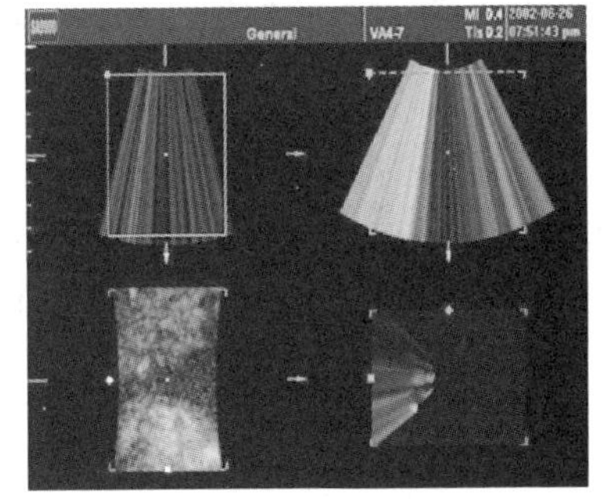

3D图像破损

图 4-12　DSP 和 DSC 单元故障例图

此单元故障排除以更换板卡为主。

2. 检修案例

【案例一】

故障现象：西门子 Antares 彩超使用过程中成像区域频繁出现干扰或图像缺损。故障消失时，系统软硬件检测均正常；故障出现时，PSA、PSD 电源检测正常。故障出现时，查看系统工作日志无异常记录，但切换至彩色血流模式下会出现彩色溢出现象，此时外接工作站采集的图像也出现异常。

故障分析与排除：由于该故障间歇出现，通过分析 Antares 彩超的硬件结构和信号处理流程，初步判断设备前端的公共信号处理单元出现故障，前端公共信号处理单元主要由 TI（探头接口）板、TR（发射接收）板及 RC（接收控制）板组成，负责采集回波信号做 A/D 转换并预处理，然后分离出 2D 灰阶信号、彩色多普勒信号等送至后级做进一步处理。由于此故障在每个探头接口连接探头工作时均存在，干扰后缺损现象主要集中在成像区域的左侧，通过系统自诊断软件检测提示 TR 通道异常，进一步怀疑公共通道中的 TR 故障，由于系统中安装了同样的 3 块 TR 板，各自负责成像区域 1/3 的超声波信号发射和接收处理，并最终叠加形成完整的成像区域。根据这一原理，将 3 块 TR 板按一定顺序更换位置后开机测试，故障仍出现，但故障区域随着 3 块 TR 板的安装位置更换发生了相应变化，由此判断有一块 TR 板损坏。更换 TR 板后故障修复，设备工作正常。

【案例二】

故障现象：西门子 Acuson S2000 彩超开机后出现报错提示，提示需要插入磁盘，机器启动后进入超声二维界面出现干扰现象。

故障分析与排除：由于机器启动后提示需要插入磁盘，但能进入超声二维界面，判断机器系统软件存在故障。重新安装机器系统软件后，启动机器，机器不再提示需要插入磁盘，但是在进入超声工作界面后仍存在干扰现象。

切换所有探头，机器干扰现象仍然存在；把机器移动到另外一个房间进行开机测试，进入超声界面后仍然出现干扰现象。排除外界干扰及探头引起干扰的故障可能，该故障可能由机器内部板块或电源引起。

S2000 机器的 TR 板负责发生波形以及对探头接收的回波信号进行模拟处理，若 TR 板出现故障，极易导致机器出现干扰现象。

S2000 机器共有 3 块 TR 板，无法确定 TR 板故障数目时只能通过更换 TR 板的方式进行排除，在更换 TR0 位置的 TR 板后，机器开机进入超声二维界面后不再出现干扰现象，机器正常使用，故障排除。

六、视频管理单元故障检修

1. 视频管理（VM）单元常见故障检修

VM 单元常见故障表现为图像不显示、竖条叠影、漏针、区呈粉红色，打印机无图像，无音频等现象，如图 4-13 所示。

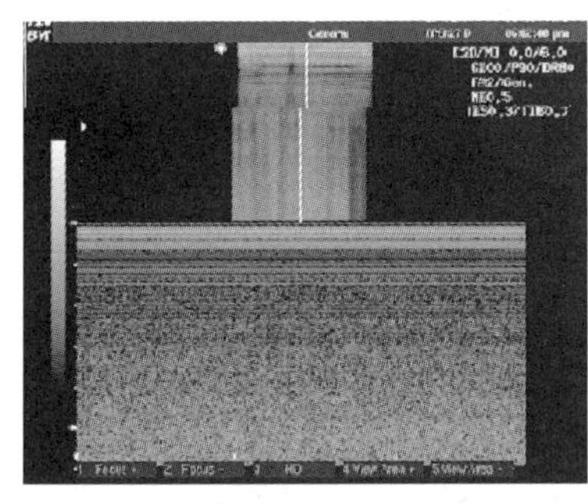

M模式图像漏针　　图像竖条叠影

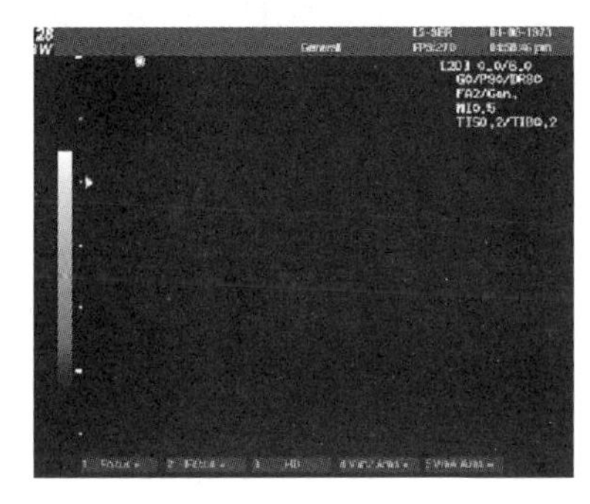

图像不显示

打印机无图像

图 4-13　VM 单元故障例图

此类故障中，有些是视频传输线接触不良或损坏引起的，重新连接或更换线缆就可以排除故障；有些是电路或存储器故障，可以通过更换板卡来排除故障。

2. 检修案例

【案例一】

故障现象：西门子 X300 彩超正常使用过程中，间歇性地出现显示器底色突然变黄，过几秒后又恢复正常的现象。

故障分析与排除：进入维修模式，对 X300 进行自检，结果显示一切正常。在故障发生的同时，注意到与彩超连接的工作站上的画面并未出现异常反应。由此初步判断机器主机正常，问题可能在显示器上。

在关闭 X300 彩超后（机器下角电源开关不断开），显示器上出现“no input”（无输入）字样，打开显示器后盖，看到由主机中引出的一根电缆线包括 DC 12 V 电源输出口、VGA 端口、数据排线接口等。用一块 12 V 的直流电源适配器为显示器供电，并用 VGA 视频线将其与一台计算机主机相连接，即用它来代替普通液晶显示器。开机 2 h，未见异常。由此可以判断，问题在 VGA 视频线或者是两端的接口上。

用万用表测量后发现，视频线一端由于弯折而接触不良。连接超声主机和显示器的视频线是独立的，用一根长 3 m 的 VGA 视频线代替有故障的视频线，故障排除。

【案例二】

故障现象：西门子 Sequoia 512 彩超计算机工作站操作界面的图像闪烁不定，且无彩色。

故障分析与排除：计算机工作站的影像故障可能是 B 超主机和计算机工作站之间的传输连接不良，重新连接工作站与主机的线缆（S 端子），故障依旧。在 B 超主机后面有 BNC 接口，连接上此接口后，发现图像彩色显现，初步判断 B 超主机信号输出的 S 端子可能存在问题，但由于其他故障依然存在，说明系统还存在其他故障。

维修 S 端子后，直接进入采集卡的工作界面，发现采集卡本身显像和经过软件处理之后的图像均存在闪烁现象，说明在软件处理之前就已经出现问题，排除了 PACS 软件故障。

在工作站上能隐约看见实时影像，说明影像能够正常地传输到工作站，只是显示的方式和影像源不同，由此怀疑是图像格式设置的问题，进入格式设置界面，发现目前选项是 NTSC 制式，改选为 PAL 制式后，采集的实时影像和影像源的实时影像完全一致，故障排除。

七、PC 单元故障检修

1. PC 单元常见故障及检修见表 4-3。

表 4-3　　PC 单元常见故障及检修

序号	故障现象	故障分析	故障排除
1	PC 无法启动	检查提供 PC 板的 5 V STB、12 V 是否正常	如果无 5 V STB，可能是电源模块故障；如果无 12 V，可能是电源管理故障
2	上电后反复重启	提供 PC 板的电源管理时序问题	检修 CPLD 器件
3	系统启动速度变慢	启动时检查 U 盘是否插在机器上，这样会造成启动速度慢	去掉 U 盘，系统启动完成后再插上 U 盘使用
4	系统时间不正常	①纽扣电池没电	①更换电池
		② CPU 板上 RTC 时钟不正常	②更换 CPU
5	PCI 外设（多功能 FPGA、DSP FPGA）问题	FPGA 损坏	更换 FPGA
6	系统电压、温度、风扇风速检测等问题	①多功能 FPGA 工作不正常	①先确认多功能 FPGA 是否损坏，若损坏则更换

续表

序号	故障现象	故障分析	故障排除
6	系统电压、温度、风扇风速检测等问题	②多功能 FPGA 工作正常，ADT7462 芯片工作不正常	②更换 ADT7462 芯片
7	Video/S-Video 输出问题	①多功能 FPGA 工作不正常	①先确认多功能 FPGA 是否损坏，若损坏则更换
		②多功能 FPGA 工作正常，视频转换芯片 25874 工作不正常	②更换视频转换芯片 25874
8	USB 无法使用	确认是否用了电流超过 1 A 的总线供电 USB 设备	如果出现电涌现象引起的 USB 无法使用，重启即可

2. 检修案例

【案例一】

故障现象：GE Logiq 3 机器开机正常，但机器使用一段时间后，运行明显变慢。

故障分析与排除：开机后机器正常运行，切换探头及切换检查模式时，机器明显反应缓慢。重启机器后运行正常，无缓慢现象，运行一段时间后运行反应变慢。拆开 PC 机箱外壳时发现金属外壳温度较高，由此怀疑 PC 机箱散热存在问题。启动机器进行测试，发现 PC 主板上的散热风扇静止，轻轻拨动风扇叶片仍维持静止状态，由此怀疑 PC 机箱散热不足导致机器运行变慢。拆下 PC 主板上的散热风扇，并更换，开机后散热风扇随 PC 主板启动而工作，机器不再出现运行反应变慢的情况，故障排除。

【案例二】

故障现象：GE Vivid 7 彩超开机后出现反复自动重启现象，无法进入超声工作界面。

故障分析与排除：当机器出现反复自动重启故障时，尝试重装系统软件，重装后仍出现反复自动重启现象，排除系统软件故障原因，初步判断故障原因在 PC 机箱内部。

逐一排除 PC 机箱内各板块，CPU 主板故障可能性最大，更换 CPU 主板后重新开机，机器启动正常，故障排除。由于需要确定机器使用是否完全稳定，因此将机器开机一天进行观察，未出现任何故障，但第二天开机时机器突然黑屏，重新启动机器无响应，拆开 PC 机箱外盖，启动机器发现 PC 机箱完全没有启动，所有风扇均未转动，怀疑 PC 机箱供电电源故障。

拆下电源后单独通电测试，电源无输出，说明已损坏，更换另一同型号 PC 电源，机器启动正常，故障排除。

八、连续波（CW）多普勒单元故障检修

CW 多普勒单元常见故障及检修见表 4–4。

表 4–4　　CW 多普勒单元常见故障及检修

序号	故障现象	故障分析	故障排除
1	上电后 CW 板上 3.3 V 或 5 V 电源指示灯不亮	3.3 V 或 5 V 电源连接线接插不牢靠	确保连线插牢，测量 J1、J2 电源管脚电压是否正常，若不正常则更换主板
2	CW 输出信号频率错误	①测量 U30、U31 的输出信号，输出信号为正确频率，若输出正常，测量 U12、U14 的输出，确认输出信号是否正确，信号是否失真	①若 U30、U31 的输出信号错误，更换 U30、U31，若仍然错误则更换 U13；若 U30、U31 输出正常，U12、U14 输出错误，测量 U12、U14 的外围电阻和电源是否正确，若无误，则更换 U12、U14
		②解调前低通滤波器损坏	②检查滤波及外围器件是否损坏，确定损坏器件并更换
3	CW 输出信号两路幅度不一样	① U2、U4 输入或输出 2.5 V 电压错误	①更换 U6 或者 U2、U4
		② U1、U5 损坏，表现为两路输入一致，输出不同	②更换 U1 或 U5
		③ U13 损坏，表现为输出不一致	③更换 U13
		④两路的放大级或壁滤波单元中有运放损坏或外围器件损坏	④逐点测量对比，确认损坏器件后更换
4	CW 输出信号有高次谐波	① U13 损坏	①更换 U13
		②解调前低通滤波器损坏	②检查滤波及外围器件是否损坏，确定损坏器件并更换
		③两路的放大级输出信号饱和失真	③检查放大级外围器件是否损坏，确定损坏器件并更换
		④两路的壁滤波及输出信号失真	④检查壁滤波及外围器件是否损坏，确定损坏器件并更换
5	CW 无输出信号	① U11 损坏	①更换 U11
		②低通滤波器损坏	②检查滤波及运算放大器是否损坏，确定损坏器件并更换
		③ U13 损坏	③更换 U13
		④两路的放大级及壁滤波级中的运算放大器损坏	④确定损坏器件并更换
		⑤ ADC 芯片 U6 或单端转差分电路损坏	⑤更换 U6 或者 U2、U4

操作技能

开机启动后硬件报错的判断和维修

操作准备

准备超声诊断仪、超声探头、常用工具、万用表、维修手册等。

操作步骤

步骤 1 查看维修手册，根据故障现象判断故障大致部位。

步骤 2 根据维修手册，进入自检程序，检查相关备件信息是否正常。

步骤 3 找出具体故障部位，按照维修手册要求维修，解决故障，保证设备运行正常。

注意事项

1. 进入自检程序操作符合维修手册的操作规范要求。

2. 运行自检程序操作符合维修手册的操作规范要求。

3. 维修后仔细核查，不得遗留隐患。

学习单元 3

电源系统故障检修

超声诊断仪电源系统是整机的供电单元，故障率较高。下面以迈瑞 DC-3 彩超为例，讲解其基本组成和故障检修。

一、基本组成

电源系统包括电源连接板、隔离变压器、电源适配器、电源主板和电源辅板，如图 4-14 所示。

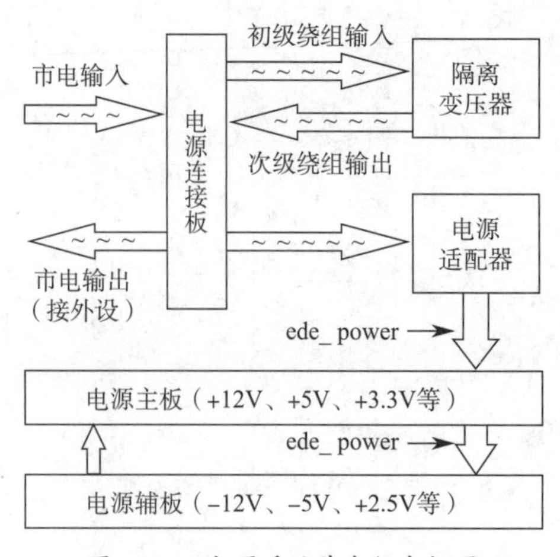

图 4-14　电源系统基本组成框图

1. 交流电源

电源系统交流电主要分布在电源连接板、隔离变压器及电源适配器输入部分。

本机可以接入两种交流电源，即 AC 220 V 或 AC 110 V，通过两个电压选择开关来实现初、次级绕组不同的连接方式。

2. 直流电源

适配器把输入的交流电整流后，变换成直流电传输至电源主板和电源辅板，产生整个系统需要的各种直流电。

二、电源检修

1. 故障分析

（1）交流电故障分析

1）电源连接板。电源连接板上多数器件为被动元件，故损坏的可能性相对较小，但保险管在外设过流或短路时存在损坏的可能性。电源连接板上的电压选择开关出现错误时，有两种故障可能：①切换到 AC 110 V 输入位时误输入 AC 220 V，会出现隔离变压器饱和，变压器里面的温度熔丝永久烧断或者断路器跳闸；②切换到 AC 220 V 输入位时误输入 AC 110 V，由于变压器的铜损变大，会出现过热现象，整机负载较小时表现不明显。

2）隔离变压器。一般是内部温度熔丝熔断，可以去除变压器外部连线，然后测试初、次级两个绕组是否异常。

（2）直流电故障分析。直流电故障检修流程如图 4-15 所示。

2. 检修案例

【案例一】

故障现象：西门子 Antares 彩超开机后进入界面，开始计数后自动关机。

故障分析与排除：现场检查，设备已经无法开机进入二维界面，每次开机后计数显示不超过“20”系统就自动关机，无任何“US”开头的报错提示。由于无法进入二维界面，不能通过系统报错日志获得故障提示。

按照常规检修流程，先对电源供电系统进行检查，Antares 彩超供电系统由 AC 主电源、PSA 电源、PSD 电源组成，外界供电首先进入 AC 电源模块，由 AC 电源模块整流变压后将输出分别送至 PSA、PSD，再次处理后输出不同电压供给系统工作。每个

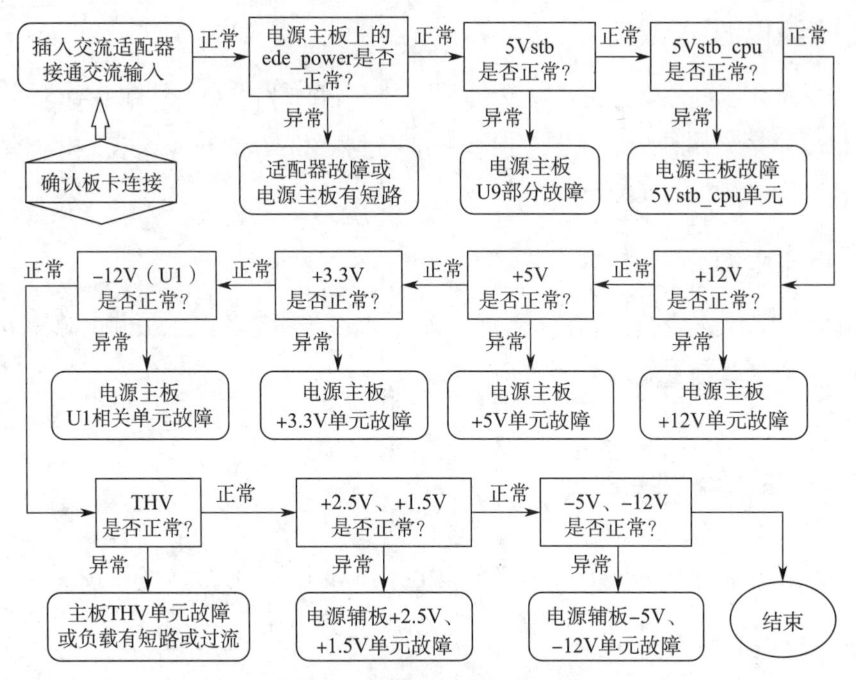

图 4-15　直流电故障检修流程图

电源模块上均有 LED 指示灯和测试点，可以通过对 LED 状态的观察及对各测试点的测试快速判断各电源模块的故障。

检查 AC 电源，发现 LED1 显示黄色，LED1 故障提示“PSA internal Fault”，即 PSA 电源模块内部错误，可能由于 PSA 输出电压异常或温度过高导致电源系统自动保护。

进一步检查 PSA 电源，在 PSA 电源模块的外侧，有一排被金属板覆盖的电源测试点，拆开金属板对测试点电压进行测试，此时动作一定要快，否则电源系统很快将自动保护切断所有电源。发现 TP1 测试点的电压接近 0 V，而正常工作时电压为 2.8 V，基本确认 PSA 电源故障。更换 PSA 电源后开机测试，彩超工作正常。

【案例二】

故障现象：打开 ACCOSON Aspen 彩超后下方电源主开关，按面板“POWER”开机，彩超显示屏无显示，风扇不动作，彩超后面电源监测数码显示“7”。

故障分析与排除：打开机器右侧机壳，发现可编程高压盒里的氖泡发光正常，说明电源箱已经得电，用万用表监测电源箱的各路输出，发现仅 +5 V（电源箱上端最粗的一组输出线）正常，± 12 V、± 7.5 V、± 15 V 等电压全无。

取下电源箱，打开后发现电源由两块电路板组成，一块提供 +5 V 及可编程高压盒的电源，另一块提供开机时系统自检所需的 ± 12 V 电压、风扇和前面灯的电压及各路扫描电压，该电源各路电压在输出的同时皆有反馈信号，检测任何一路电压输出有问

题或不接负载，都可导致电源保护无输出。经检测发现 ± 12 V、± 7.5 V、± 15 V 等同为一开关变压器的次级输出，用万用表进一步检查该开关电源的公共部分，发现相应开关管 MJW16010A 及场效应管 IRF460 都已击穿，更换器件后开机，彩超工作正常，故障排除。

操作技能

超声诊断仪电源系统故障分析与排除

操作准备

准备超声诊断仪、超声探头、常用工具、万用表、维修手册、电源系统电路图等。

操作步骤

步骤 1 仔细阅读资料，分析电源系统电路图。

步骤 2 检测交流电路各关键点。

步骤 3 按照直流电检修流程图，逐一排查直流电路重要检修点。

步骤 4 找出故障并规范修复。

注意事项

1. 注意安全，特别是测量交流电时，避免发生触电或短路现象。
2. 按照流程规范排查故障。
3. 维修后仔细核查，不得遗留隐患。

学习单元 4

硬盘与软件系统故障检修

以迈瑞 DC-3 彩超为例。

一、硬盘故障检修

1. 制作新硬盘

硬盘损坏，需制作新硬盘，具体步骤如下。

（1）刻录初始化光盘。使用 Nero（刻录软件）工具，选择菜单项“刻录器 / 刻录光盘映像文件 ...”，然后选择要刻录的硬盘初始化光盘的映像文件（2108-30-66180），刻录一张硬盘初始化光盘。

（2）设置超声仪的 BIOS

1）开启超声仪并按下控制面板上的“F2”，进入 BIOS 设置，根据屏幕提示输入预设的 BIOS 密码。

2）“Exit” 页面设置“CMOS Restore Condition” 选项为“Neyer”；选择“Save Changes”；选择“Save CMOS To Flash”；“Boot” 页面设置“Boot Order” 选项为首先从 USB-CDROM 启动（用上、下方向键选中 USB-CDROM，按住“Shift” 不松开，然后再按“+” 键，每按一次，USB-CDROM 会向上移动一个位置，把该项移到最上面）；最后在“Exit” 页面选择“Exit Saving Changes” 退出。

（3）制作硬盘

1）开启电源，将硬盘初始化光盘放入光驱中，重新启动后屏上出现“Press any key to boot CD…”，按下任意键，自动进入 Windows XP 的安装环境（PE，Pre-installation Environment）。

2）启动成功后出现控制台窗口，并显示版权信息和“Press any key to continue…”，按任意键继续执行硬盘初始化指令。

3）硬盘初始化过程为全自动进行，无须任何干预，执行完毕后显示“Over”表示结束，并显示“Press any key to continue…”，按任意键自动重新启动系统，硬盘制作完毕。

（4）制作结束后修改 BIOS 设置。进入 BIOS，在“Boot”页面设置“Boot Order”，取消从 USB-CDROM 启动的功能（用上、下方向键选中 USB-CDROM，按住“Shift”不松开，然后再按“-”键，每按一次，USB-CDROM 项会向下移动一个位置，把该项移到 HDD 之下），“Exit”页面设置“CMOS Restore Condition”项为“Always”；选择“Save Changes”；选择“Save CMOS to Flash”；最后在“Exit”页面选择“Exit Saving Changes”退出。

2. 注意事项

（1）新格式化硬盘，删除硬盘上的所有数据。

（2）重新制作硬盘必须重新装 XPE 系统，并用超声软件恢复程序恢复超声系统，然后升级预置数据，再根据机器型号配置机器，最后根据用户购买的功能光盘装配相关的选配功能。

3. 检修案例

【案例一】

故障现象：GE Logiq P3 机器有时候无法启动，有时候会在运行中死机并且在重新启动过程中无法开机。

故障分析与排除：该机在正常启动后图像采集输出一切正常，因此考虑前端没有故障，初步判断故障发生在 PC 单元。首先考虑 PC 单元各个组件接口有无松动的可能，其次考虑硬盘等硬件是否损坏。拆开机箱后将所有的接口清理并重新插拔后，重启机器发现故障依旧，进一步排查主要硬件，硬盘工作时偶尔有轻微异响，其他无异常，由此判断可能是系统硬盘出现了故障。

故障检修分以下几步。

1）备份。插入U盘（事先确认该U盘无病毒），按“Utility”进入系统菜单，单击“连接”→“可移动媒体”按钮，选中“USB Drive”并点选“验证”。

单击“系统”→“备份/恢复”按钮，先选中“媒体”中“USB Drive”，然后勾选“患者档案”“报告档案”“用户自定义配置”“服务”，最后单击“备份”。备份完成后，单击“管理”→“System Admin”按钮，记录机器序列号及25位Option-Key密码，按“F3”退出移动设备。

2）更换系统硬盘。关机并切断机器电源，打开机器右端，拔掉新硬盘上的跳线，更换新硬盘。

3）重装系统。仔细连接硬盘线路，重新安装系统，开机并放入光盘，选全部格式化后出现系统安装的进度条，待进度条读完，系统安装成功之后重新启动机器并拿出系统盘，机器成功启动。

因为硬盘更换后需要记录机器的序列号和25位Option-Key，所以机器启动后要输入相应的数据。填写完全序列号和密码后成功进入，机器正常启动，进入扫描界面。

4）恢复用户自定义数据。将用户自定义的数据重新恢复进机器，类似于备份用户自定义的步骤，插入U盘验证，按“Utility”进入系统菜单，点选“系统”→“备份/恢复”按钮，进入用户自定义数据恢复界面。选中“媒体”→“USB Drive”，并勾选所有要恢复的数据，单击“恢复”。

恢复成功后按“F3”退出移动设备，进入系统菜单，调节医院名称、时间等基本参数，确认无误后保存并退出，重新启动机器。机器成功启动并运行正常，尝试多次切换探头确保机器可以正常使用，并请临床医生现场测试图像质量，确保故障排除。

【案例二】

故障现象：GE Logiq 9彩超启动后出现蓝屏，蓝屏提示的代码不固定，有时强行关机重新启动后能正常使用，有时无效，机器在使用过程中也出现蓝屏现象。

故障分析与排除：超声图像形成相关的电路板如果出现故障，通常会出现专门的报错代码，不会显示蓝屏。初步判断蓝屏故障主要与Windows软件和其所依赖的计算机硬件有关。

考虑是计算机内部出现的问题，即系统软件出错或硬盘损坏。排除此故障的方法为：拆开硬盘，用效率源软件检查硬盘，发现硬盘有小部分坏道。更换硬盘，重装系统后机器可正常使用，故障排除。

二、软件系统故障检修

1. 操作系统恢复

（1）操作步骤

1）刻录初始化光盘。使用 Nero 工具，选择菜单项“刻录器 / 刻录光盘映像文件 ...”，然后选择要刻录的 XPE 安装程序（2108-30-66108），刻录一张 XPE 安装程序光盘。

2）设置超声仪的 BIOS

①开启超声仪并按下控制面板上的“F2”，进入 BIOS 设置，根据屏幕提示输入预设的 BIOS 密码。

②“Exit”页面设置“CMOS Restore Condition”选项为“Neyer”；选择“Save Changes”；选择“Save CMOS To Flash”；“Boot”页面设置“Boot Order”选项为首先从 USB-CDROM 启动（用上、下方向键选中 USB-CDROM，按住“Shift”不松开，然后再按“+”键，每按一次，USB-CDROM 会向上移动一个位置，把该项移到最上面）；最后在“Exit”页面选择“Exit Saving Changes”退出。

3）XP 操作系统安装

①将 XPE 安装光盘放入光驱中，重新启动机器后屏幕上出现“Press any key to boot CD...”，按下任意键，进入 Windows XP 的预安装环境（PE，Pre-installation Environment）。

②启动成功后出现控制台窗口，并显示版权信息和“Press any key to continue...”，按任意键继续执行 Windows XPE 安装指令。

③执行完毕后显示“Over”表示结束，并再次显示“Press any key to continue...”按任意键自动重新启动系统。

4）恢复结束后修改 BIOS 设置。进入 BIOS，在“Boot”页面设置“Boot Order”，取消从 USB-CDROM 启动的功能（用上、下方向键选中 USB-CDROM，按住“Shift”不松开，然后再按“-”键，每按一次，USB-CDROM 项会向下移动一个位置，把该项移到 HDD 之下）；“Exit”页面设置“CMOS Restore Condition”项为“Always”；选择“Save Changes”；选择“Save CMOS to Flash”；最后在“Exit”页面选择“Exit Saving Changes”退出。

（2）注意事项

1）Windows 安装过程为全自动进行，无须任何干预。

2）安装 XP 重新启动后，XPE 会重新安装驱动程序，可能要求再次重启，重新启动后安装完成。

3）执行系统恢复后，必须执行超声软件恢复程序恢复超声系统，然后升级预置数据，再根据机器型号配置机器，最后根据用户购买的功能光盘装配相关的选配功能。

4）执行完 XPE 系统恢复后，超声软件和相关数据全部被删除（包括用户预置文件和患者资料库备份数据），但 D 盘目录下的患者资料数据库和日志仍然保留，E 盘下的文件也全部保留。

2. 超声软件系统恢复

（1）系统故障分类及简单处置

1）机器无法正确启动超声软件进入超声系统界面，此时只能先进行 XPE 系统恢复，然后进行超声系统恢复。

2）机器可以进入超声操作系统，但部分功能操作失效，可分两种方法解决。

①按照软件维护内容，进行软件升级。

②如果软件升级不能解决问题，则需要超声系统软件恢复。

（2）操作步骤

1）刻录超声系统恢复光盘。使用 Nero 工具，选择菜单项“数据 / 制作数据光盘 …”，选择要刻录的超声系统恢复软件（2109–30–76419），刻录一张超声系统恢复光盘。

2）超声系统软件安装必须在 XP 界面下，如果刚装的 XPE 系统，可以直接用超声系统恢复软件进行系统恢复；如果机器还是运行在超声系统中，需要进行简单的操作，然后再用超声系统恢复软件进行系统恢复。

①刚装好 XPE 系统的超声系统软件恢复。将刻录好的超声系统恢复光盘放入光驱中，会自动启动系统软件的安装。当界面上出现“System need reboot！ Please input Enter key to quit the Program!”（系统需要重启！请输入回车键退出程序！）时，按控制面板上的“Enter”键，系统会退回 Windows 桌面，取出光盘，然后按系统软开关关闭主机，并断开断路器开关，再开机就进入超声系统。

②运行在超声系统中的机器，超声系统软件的恢复。在超声界面中按控制面板上的“Ctrl+Shift+=”组合键，在弹出的对话框中输入正确的密码，打开在线调试器，在调试栏中输入“shellapp off”命令，然后单击“Enter”键，并关机。重新启动机器，直接进入 Windows 桌面；然后删除“C：\M5”文件夹和“C：\Patient Bak”文件夹，同时删除“D：\Patient data_2108”文件夹；然后将刻录好的超声系统恢复光盘放入光驱中，会自动启动系统软件的安装；当界面上出现“System need reboot! Please input

Enter key to quit the Program!”时，按控制面板上的“Enter”键，系统会退回 Windows 桌面，取出光盘，然后按系统软开关关闭主机，并断开断路器开关，再开机即可进入已恢复的超声系统。

（3）注意事项

1）需要对恢复超声系统的机器进行配置，并按照用户购买的软件功能光盘，进行选配功能的安装。

2）恢复超声系统后，要先升级预置数据，并根据提供的 Color 软件功能光盘（2109–30–76517）进行 Color 功能安装，否则将不能实现 Color 功能。

3）运行超声软件系统的机器恢复系统时，需要删除原超声软件和相关数据（包括用户预置文件和患者资料库备份数据），同时 D 盘目录下的患者资料数据库也需要删除，删除前应做好备份。

3. 患者数据库手动删除

主数据库在运行时自动进行备份，当发生错误时会自动使用备份数据库进行恢复，不需要人工干预。如果主数据库无法自动恢复，则需要手动。

（1）操作步骤

1）在超声界面中按控制面板上的“Ctrl+Shift+=”，在弹出的对话框中输入正确的密码，打开在线调试器，在显示屏下方的调试命令行中输入“shellapp on”后单击“Enter”键，关机后重新启动机器。

2）机器重启后进入 Windows 桌面，手动删除“D：Patient 2108”和“C：Patient Bak”两个目录，并运行“C：M5\Target Data\exe”目录下的“doppler.exe”文件，启动超声软件。

3）在超声界面按控制面板上的“Ctrl+Shift+=”，在弹出的对话框中输入正确的密码，打开在线调试器，在显示屏下方的调试命令行中输入“shellap on”后单击“Enter”键，关机后重新启动机器，即可直接进入超声系统。

（2）注意事项

1）人工删除损坏的数据库是不可逆操作，所有本机保存的患者资料将全部丢失，并且无法找回。

2）导出到外部介质上的患者数据库如果发生损坏，无法恢复。

4. 检修案例

【案例一】

故障现象：GE 730 机器开机后，系统无法正常启动。

故障分析与排除：打开电源后，系统进入 DOS 系统，进入 booting 后无法正常启动 Windows 2000 系统。首先排除软件故障，对系统进行重装。先重装 Windows 2000 系统，GE 730 在硬盘上带有一 Windows 2000 和随机 730 专用软件备份，具体步骤如下。

开机后，屏幕出现 Boot 时，同时按下“Ctrl+L+Enter”，进入界面后输入密码，回车后对 Windows 2000 和随机 730 专用软件系统进行自动重装，重装后进行激活。重新开机后能够进入操作界面，Windows 2000 系统恢复。

此时仅仅是重装了 Windows 2000 和随机 730 专用软件，专用软件仍需要进一步激活。具体步骤如下：开机后进入操作界面，单击触摸屏幕“system setup”进入密码输入界面，输入专有密码后才能将各功能激活。此专有密码可在机器正常时单击“system setup”，查看相应的密码并记录，以备重装系统时输入。

【案例二】

故障现象：GE 公司 Vivid 7 彩超打开电源，按“On/Standby”，超声诊断仪无法正常启动。

故障分析与排除：经检修，硬件没有故障，初步判断软件有故障，尝试重装系统来排除故障。

准备好要重新安装的软件，包括系统软件、系统软件补丁、应用软件和升级软件等。开机情况下，在光盘驱动器中放入系统软件 v1.4.0 光盘，关机，等到 On/standby 指示灯变黄，重新启动。

软件自动 Ghost 克隆恢复安装。在安装界面，选择“A”，安装 Vivid 7。安装完成后，插入系统软件补丁，重新启动，软件自动安装。下一步，安装应用软件。最后，安装升级软件。超声诊断仪正常启动后，在出现的对话框中输入彩超系列号，仪器系列号为 4 位。例如，系列号为 2006，应输入“Vivid 7-002006”。在“Sw Option Key”栏中输入软件选项码，共 25 位，它和系列号一一对应，如输入错误则无法进入超声诊断仪系统。

系统重装后还要进行用户自定义配置，并把报告档案及用户自定义设置恢复到系统中，避免重装系统时历史记录丢失。

操作技能

硬盘更换及软件重装

操作准备

准备超声诊断仪、超声探头、维修手册、硬盘、相关软件等。

操作步骤

步骤 1 查看维修手册，按步骤备份开机密码、软件版本号、用户配置、用户数据等。

步骤 2 根据维修手册，正确更换硬盘。

步骤 3 根据维修手册，安装正确版本的软件。

注意事项

1. 备份流程符合维修手册的操作规范要求。
2. 更换硬盘符合维修手册的操作规范要求。
3. 维修后仔细核查，不得遗留隐患。

学习单元 5

整机故障检修

以迈瑞 DC-3 彩超为例，常见的整机故障有以下几种。

一、开机不启动

1. 检修流程

开机不启动故障的检修流程如图 4-16 所示。

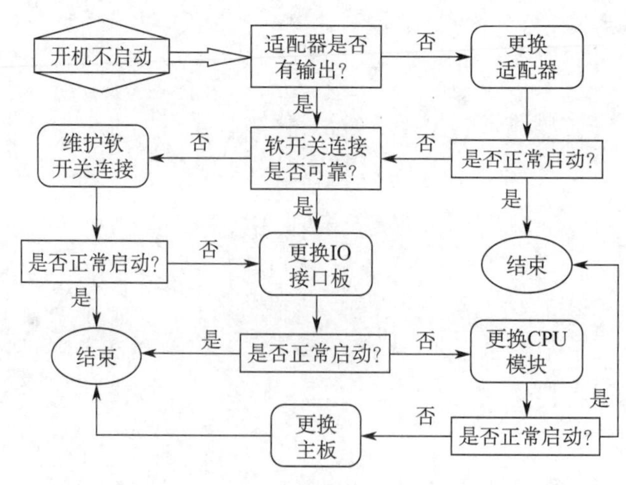

图 4-16　开机不启动故障检修流程图

2. 检修案例

【案例一】

故障现象：GE Logiq 9 彩超无法开机。当彩超通电后便听见计算机端 ATX 风扇运行，开机指示灯变绿。按开机键开机后指示灯变黄，风扇停转；再按开机键却无反应，开机指示灯依然为黄色。在此过程中显示器未出现任何字符显示。

故障分析与排除：GE Logiq 9 彩超的电源分 PC 的 ATX 电源和主机的 DC 电源两部分，其两电源为独立分开且非同时上电，具体工作流程为：①机器通电后马上供电给 PC 的 ATX 电源，当按下开机键后 PC 启动；②加载硬盘上的系统软件后机器启动，并在显示器上显示相应信息；③计算机内的 PC2IP 卡得电后发出 power on 信号给主机的 DC 电源，使 DC 电源启动，供给各个电路板所需要的直流电源，以保证在 PC 软件启动的同时，各电路板处于正常工作状态。

GE Logiq 9 彩超启动首先是 PC 的硬件启动，硬件启动后给出信号到主机激励 DC 电源供电，该机器启动的最初步骤未成功，首先应检查 PC。因机器无法启动，应分别测试 ATX 电源与 PC 主板的情况是否正常，以确定故障部位。此故障中检查 ATX 电源空载时发现各电压值均为正常，但却不能带动负载。拆开 ATX 电源后发现 12 V 电压的 6 个滤波电容（3 300 uF/25 V）已全部漏液，全部更换同一规格电容，修复 ATX 电源后机器能正常启动。

【案例二】

故障现象：Aloka SSD-3500 彩超开机启动，在启动过程中出现“Aloka”标志后蓝条不断循环移动，硬盘指示灯循环闪烁，系统无法进入正常的超声诊断界面。

故障分析与排除：出现该故障，初步判断为与系统启动直接关联的 CPU 出现问题。该机器的数据处理平台与普通计算机一样，都是基于微软公司的 Windows 操作系统，因此开机过程基本一致。

超声设备在启动过程中除了正常的 CPU 和硬盘数据的读取外，还要对每一块载有 flash 的图像处理板进行数据确认，以此判断是否有数据丢失或数据更新，以便在开机过程中重新刷 flash。开机过程中硬盘指示灯不断闪烁，说明有硬盘数据的持续读写，排除硬盘故障。

对每组排线重新拔插，经过重新拔插，开机后故障依旧，怀疑为 CPU 故障。

取出 CPU 板观察，看是否有明显的烧毁或散热不够而引起元器件的损坏，经观察均正常。后发现主板上有一纽扣电池，拆下来测量只有 1.6 V。与实际标示的 3 V 不符，电压值明显不够支持硬件部分芯片的正常读写工作，导致 CPU 与硬盘数据通信出现问题，影响设备的正常加载及数据更新。更换一块标准 3 V 纽扣电池后设备正常启动，能正常进入超声诊断界面，故障排除。

【案例三】

故障现象：GE Vivid 7 彩超打开电源，按 On/Standby，超声诊断仪无法正常启动。

故障分析与排除：由于 Vivid 7 硬件由前端和后端组成，根据 Vivid 7 开机启动顺序分析其故障现象。具体步骤是：①判断机器是前端还是后端故障；②对机器后端进行单独测试，检查其能否正常启动。

将机器后端部件从主机上拆下，拆开后端机箱，输入 220 V 交流电源，找到主板的 PW-ON 跳线，短路 6/8 脚。发现后端仍然不能正常启动，确定为后端问题。

继续确认是主板问题还是 ATX 电源问题。找到主板上的电源板接线座，用一短接线连接短路 13/14（黑色和绿色）接头，此时后端电源开关畅通；将交流 220 V 输入后端，依据 ATX 电源标志测量各脚电压，发现脚 1/2/11 均无 3.3 V 电压，判断为后端 ATX 电源存在问题，对 3.3 V 电源进行维修，修复电源后上机测试，机器正常启动，故障排除。

【案例四】

故障现象：ESAOTE DU6 彩超接通电源后，机器进入正常开机状态，10 min 后，机器自动断电关机，按下开机按钮，机器重新启动，启动过程中再次自动断电关机。

故障分析与排除：根据故障现象分析，初步判断电源出现故障。首先对此电源的工作方式和功能结构进行分析。此电源的硬件主要由交流电输入电路、升压电路、主控制电路、3 个模块电路以及输出接口电路组成。

在检修电源的过程中，需要单独启动电源进行测试，这就需要对电源的启动方式进行分析。电源的开机电路主要分布在主控制板、模块接口板和升压电路板上。启动电压主要由 2 个部分组成：①接通电源开关且没有按下开机按钮，由升压电路板提供 +12 V 的启动电压，此时可在模块的 TP 测试点上测得 +12 V；②当按下开机按钮，电源 PW_ON 信号产生经由光耦传输信号给模块接口板上的启动电路，启动电路工作后输出一路 +3 V 的电压，加到 +12 V 电压上，达到 +15 V，达到模块启动的条件，使模块工作。当电源检测到各路电压都正常后，输出一个 PW_GOOD 信号到主机上，使主机正常启动，进入正常工作状态。另外，电源模块中有温度检测电路，一旦检测到温度超过设定的极限温度后将强制关闭电源，以防止电源损坏。

打开外壳，发现电源内部非常脏，有很多灰尘。用吹风机清除灰尘后检测温度探头，未发现明显损坏。怀疑温度探头上灰尘太多，探头升温过快，从而使保护电路动作产生断电。此时合上电源，通电测试，电源可以正常启动。把电源装上彩超仪后开机测试，不再出现自动断电现象，故障排除。

二、图像区无回声

1. 检修流程

图像区无回声故障的检修流程如图 4-17 所示。

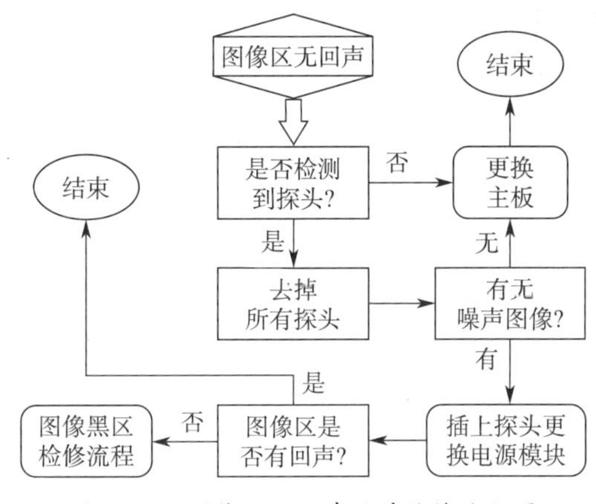

图 4-17 图像区无回声故障检修流程图

2. 检修案例

【案例一】

故障现象：GE Logiq 3 彩超扫描区域无回声，切换所有探头均无回声，但是机器能正常识别探头，切换探头过程正常。

故障分析与排除：由故障过程中切换所有探头扫描区域均无回声可排除探头故障可能，该故障的常见原因为 HVPS（高压电源）高压板无高压输出，因此 HVPS 高压板及控制其输出高压的 FEC（前向纠错）板故障可能性较大，而机器发射接收回路中任何一部分出现问题也可能导致该故障。

分别更换 HVPS 高压板和 FEC 板进行测试，机器开机后扫描区域仍无回声，排除 HVPS 和 FEC 板故障可能。检修过程中注意到机器开机后探头不工作，而正常情况下机器通电工作则探头也应该随机器启动进入工作状态，因此该机器探头接口板可能存在故障，更换探头接口板进行测试，机器正常启动并进入工作界面，扫描区域有回声，切换所有探头均正常工作，故障排除。后经检查，发现原机器上探头接口板存在短路故障。

【案例二】

故障现象：GE Logiq 400 CL 机器能够正常启动，在选用相控阵探头（FPA 2.5 MHz）

时，图像区域没有始波，只有噪声，无法进行超声扫描诊断。切换到线阵探头（FLA 10 MHz），在图像区域有始波，但只有正常情况下的1/3左右，中、远场没有回波。增大增益，噪声随之增多，无法进行临床诊断。

故障分析与排除：根据故障现象分析判断，初步判断系统的超声发射单元存在故障。影响超声波的产生和发射的部件主要包括探头、通道板、发射板、前端控制板和高压电源，因此需要逐一检查，进一步缩小故障范围。

将探头拔下，插入另外一个插座，然后看探头的切换是否正常。经检查，探头的切换正常，但故障现象依旧，这说明探头、通道板运行正常。检查发射脉冲触发信号，结果正常。当检测高压电源时，发现 ±80 V 电源没有输出。这说明高压电源存在故障，导致发射板无法产生超声波脉冲输出，也就无法显示始波图像。

将高压电源模块取出，打开金属外壳，使用万用表进行检测发现，有两个保险管已经烧断，说明高压电源内部有短路故障。经过测量，发现有两个三极管发生短路击穿。更换同样规格的三极管和保险管，短路故障排除。将高压电源模块装入机器后，开机运行，系统恢复正常，故障排除。

三、图像区出现黑区

1. 检修流程

图像区黑区故障的检修流程如图4-18所示。

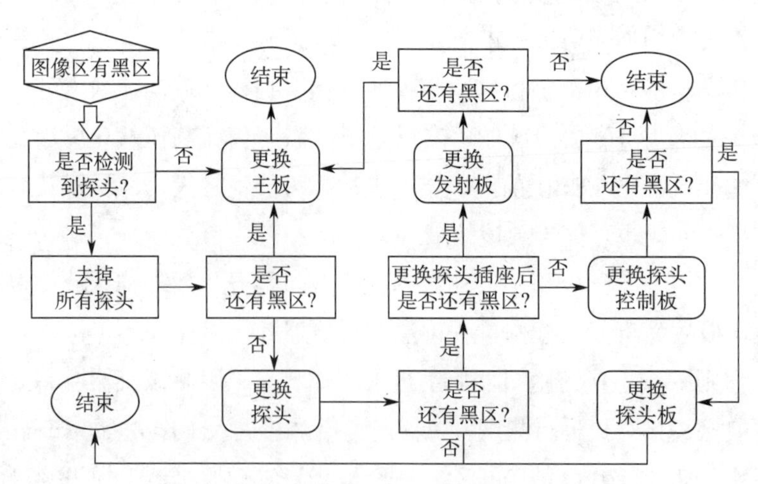

图4-18　图像区黑区故障检修流程图

2. 检修案例

故障现象：GE Logiq S6 机器开机后，所有探头没有回声图像显示。

故障分析与排除：按照机器超声工作原理分析，初步判断为机器前端发射接收单元及高压供电模块故障，更换机器发射接收板及高压电源模块，仍出现同样故障，且使用机器相关功能模式（如彩色多普勒、PW 模式等机器图像区域）时均无对应显示，判断机器故障为前后端通信故障或系统软件故障。更换 MDBRG2S 板及 PC2IP Ⅱ板进行测试，机器仍出现同样故障，排除机器前后端通信故障可能，判断机器为系统软件故障。

更换新硬盘，使用软件光盘对机器系统进行重新安装，安装完成后启动机器，机器进入超声工作界面后接入 4C 腹部探头，探头工作正常，使用所有功能模式均正常，但切换至 12L 浅表探头后超声图像区域只有虚拟回声，再切换至 4C 腹部探头也只显示虚拟回声，说明机器仍存在故障。

由于 4C 腹部探头在接入机器后使用正常，机器前端发射接收单元及高压供电模块应无故障，更换 12L 浅表探头接口位置再启动机器测试，发现 4C 腹部探头及 12L 浅表探头均工作正常，经过多次切换也未再出现虚拟回声的故障，判断该故障出现的原因为探头接口位置。根据维修记录出现故障时 12L 浅表探头接入第三探头接口，再次把 12L 浅表探头接入第三探头接口，出现同样故障，而将 12L 浅表探头接入第一或第二探头接口时机器均正常工作。再尝试将 4C 腹部探头接入第三探头接口，机器同样正常工作，经过反复测试，确定只有当 12L 浅表探头接入第三探头接口时才会出现虚拟回声故障，判断故障原因可能为探头接口板第三接口供电不足，无法支持 12L 浅表探头工作。更换该探头接口板后，机器工作完全正常，所有故障排除。

四、开机黑屏

1. 检修流程

开机黑屏故障的检修流程如图 4-19 所示。

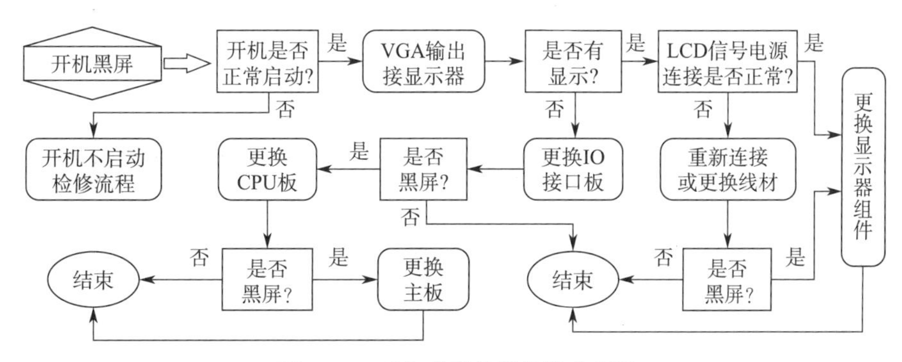

图 4-19　开机黑屏故障检修流程图

2. 检修案例

【案例一】

故障现象：GE Logiq 3 机器开机显示器黑屏，控制面板指示灯亮。

故障分析与排除：该机器未连接工作站使用，无法由工作站输出图像观察进行判断，外接显示器，开机仍然黑屏，排除显示器本身故障。

由于开机过程中控制面板指示灯常亮，电源故障可能性较小，判断机器 PC 存在故障。打开机器外壳及 PC 机箱后，把主板拆出后连接 PC 电源和计算机硬盘，并连接计算机显示器输出图像，单独启动主板后发现显示器无任何显示，确定该主板存在故障，在更换主板后启动 Logiq 3 机器，机器仍出现同样故障现象，由于更换主板仍使用原机器主板上 CPU 和内存条，使用另一块 CPU 嵌入主板后启动机器，机器正常启动，显示器正常输出超声工作界面，至此判断该机器主板上 CPU 存在故障。但第二天进行开机测试时，机器开机出现蓝屏，随后再次启动机器又出现黑屏，反复开机测试发现机器有时可正常启动，有时则出现黑屏，故障出现无规律性。由于机器再次出现黑屏故障是在机器开机出现蓝屏后发生的，而蓝屏现象一般由于机器外设或 PC 硬件出现故障或机器软硬件存在冲突导致，常见为内存条故障，购置同型号内存条进行更换测试，机器启动后不再出现黑屏故障。

【案例二】

故障现象：飞利浦 Sonos 5500 彩超开机出现黑屏，不能正常开机。

故障分析与排除：首先打开机器的后盖，观察机器直流电源上的绿色 LED 灯，在这几个 LED 灯的旁边有标称电压值。正常状态下，这些 LED 灯常亮，如果有一路灯灭了，证明这一路电压没有正常输出，但并不表示电源肯定有问题，也有可能是某块电路板有短路的地方影响了电源的正常工作。本故障检修时发现电源上所有 LED 指示灯全部处于正常点亮状态，说明电源正常。

其次打开机器键盘，露出 key scanner（键盘控制器），在 key processor 这块电路板上有一个 4 位的数码管，正常开机时，数码管上显示的是开机的一些自检信息，数码管上显示四个“….”，确认 key scanner 没问题。

最后打开机器，PC 电路板上也有一个 4 位的数码管，与 key processor 上的数码管相同，在机器正常工作时，数码管上也会显示四个“….”，观察它的状态，发现不亮，证明 PC 电路板没有正常启动，用万用表测量 Power regulator 电路板上电压测试点的输出电压，发现电路板上测量的电压与标称值有出入，证明 E—box 中的供电是不正常的，在前文已经排查了电源自身的问题，所以应该是电压进到 E—box 后出现的问题，首要考虑的是 Power regulator 电路板自身，因为它是 E—box 中负责电压分配的电

路板，更换 Power regulator 电路板，故障排除。

【案例三】

故障现象：TOSHIBA SAL-32B 便携式 B 超开机后，电源指示灯不亮，显示屏全黑。

故障分析与排除：检查机器外部保险，发现两只保险管内部变黑，保险管已严重烧断。更换保险管后开机，电源指示灯亮，但仍无光栅，面板上指示灯不亮。为防止扩大故障范围，采用插拔、开路等方法来缩小故障范围。该电源单元与负载是由 R7–R10 四个插头相连接的，首先将这四个插头拔掉，静态检测输入回路各元件，发现 R1 烧断，TR1、TR2 击穿，其他元件正常，更换这三只元件后，机器恢复正常工作，故障排除。

操作技能

开机不启动故障判断及修复

操作准备

准备超声诊断仪、超声探头、常用工具、万用表、维修手册等。

操作步骤

步骤 1 仔细阅读资料，分析开机电路图。

步骤 2 按照检修流程检修故障，测量关键测试点。

步骤 3 找出故障部位，按照规范要求修复设备。

注意事项

1. 更换板卡时要关闭电源。
2. 准确测量关键测试点。
3. 修复设备时注意安全。

图像区无回声故障判断及修复

操作准备

准备超声诊断仪、超声探头、常用工具、万用表、维修手册、电路图等。

操作步骤

步骤 1 仔细阅读资料，分析整机框图。

步骤 2 按照检修流程检修故障，测量关键测试点。

步骤 3 找出故障部位，按照规范要求修复设备。

注意事项

1. 探头插拔时要关闭电源。
2. 准确测量关键测试点。
3. 修复设备时注意安全。